北京城市森林净化气体污染物研究

李少宁　鲁绍伟　赵　娜　徐晓天　**主编**

科学技术文献出版社
SCIENTIFIC AND TECHNICAL DOCUMENTATION PRESS

·北京·

图书在版编目（CIP）数据

北京城市森林净化气体污染物研究 / 李少宁等主编. —北京：科学技术文献出版社，2021.12

ISBN 978-7-5189-8627-9

Ⅰ.①北… Ⅱ.①李… Ⅲ.①森林生态系统—关系—大气污染物—空气净化—研究—北京 Ⅳ.① S718.55 ② X51

中国版本图书馆 CIP 数据核字（2021）第 237721 号

北京城市森林净化气体污染物研究

策划编辑：魏宗梅 责任编辑：张 红 责任校对：张永霞 责任出版：张志平

出 版 者	科学技术文献出版社	
地 址	北京市复兴路15号 邮编 100038	
编 务 部	（010）58882938，58882087（传真）	
发 行 部	（010）58882868，58882870（传真）	
邮 购 部	（010）58882873	
官 方 网 址	www.stdp.com.cn	
发 行 者	科学技术文献出版社发行 全国各地新华书店经销	
印 刷 者	北京虎彩文化传播有限公司	
版 次	2021 年 12 月第 1 版 2021 年 12 月第 1 次印刷	
开 本	710×1000 1/16	
字 数	161千	
印 张	10	
书 号	ISBN 978-7-5189-8627-9	
定 价	48.00元	

编 委 会

前　言

　　大气污染是我国目前面临的主要环境问题之一。由于经济社会的快速发展和高速的城市化进程，人类生产、生活等对自然环境的影响越来越大，城市环境负荷日趋严重。大气中主要污染物包括二氧化硫（SO_2）、一氧化氮（NO）、臭氧（O_3）、一氧化碳（CO）及颗粒物等。从 20 世纪末开始，对于城市森林生态的研讨成为可持续发展及 21 世纪议程拟定的科学依据，国际生态学会为此建立了城市生态专业委员会。

　　城市森林是城市生态规划中仅有的拥有自净能力的系统，不但为城区高污染环境下的住户提供较为干净的休闲游憩空间，也有净化大气的重要作用，其净化大气的功能已成为当今的研究热点。北京市地处京津冀都市圈中心地带，是我国的国际化大都市和政治经济中心，城市化水平高，人口密度大，当前污染形势严峻，环境压力日益加大，极度缺乏居民的游憩空间，对城市生态系统的服务功能有很高的要求。

　　本书的编者为北京市农林科学院林业果树研究所的科研人员，以在北京大兴南海子公园、朝阳公园、北京植物园、松山自然保护区及西山国家森林公园设置的城市森林生态环境监测站所获得的第一手实验数据、资料为基础，以 SO_2、NO_x 和 O_3 为代表，研究气体污染物的时空变化特征，并分析产生差异的原因，探究城市森林对污染物的影响。通过对 SO_2、NO_x 和 O_3 的浓度与各项气象因子指标的深入分析，确定气象因子对 SO_2、NO_x 和 O_3 的影响程度。选择阔叶混交林、阔叶纯林、针阔混交林、针叶混交林和针林纯林等植物配置模式，研究不同植物配置林分类型下 SO_2、NO_x 和 O_3 浓度特征，为城市绿地植物群落的规划设置提供建议与理论依据。

　　编者殷切希望本书的出版能够引起相关人士对该领域更大的关注和支持，并希望对从事该领域研究的师生有所裨益。

本书的出版得到了北京市农林科学院科技创新能力建设项目"北京主要林木树种种质创新与生态功能提升"（KJCX20200207）、"农林复合体系模式研究与示范"（KJCX20200801）、"北京森林生态质量状况监测基础数据平台建设"（KJCX20160301、KJCX20190301 和 KJCX20220302），北京市自然科学基金资助项目"人工控制条件下典型园林绿化树种吸收氮氧化物功能研究"（8212044），国家林业和草原局林草科技创新平台运行项目"北京燕山森林生态系统国家定位观测研究站运行"（202213220），北京市农林科学院林业果树研究所青年基金项目"北京城市森林环境 SO_2 态特征与迁移转化"（LGYJJ202010）等项目的资助，在此表示感谢。

科学技术文献出版社对本书的出版给予了大力支持，编辑人员为此付出了辛勤劳动，在此也表示诚挚的谢意。

最后，恳切希望广大读者对本书中发现的问题和不足予以批评指正，以期进一步修订更改。

编　者

2021 年 9 月

目　录

1

绪 论

1.1 引言

1.1.1 研究背景

随着社会经济发展和城市化进程加剧，人类生产、生活对自然环境的影响越来越大，城市环境负荷日趋严重，大气中二氧化硫（SO_2）、氮氧化物（NO_x）、臭氧（O_3）等污染物逐渐增多，大气污染日趋严重（吕铃钥 等，2016）。森林作为地球上多功能与多效益相结合的巨大生态系统，具有分布广、生物产量高及生命活动时间持久等特征，对环境的作用远超其他空气净化手段（李志强，2014；牟浩，2013），因此，森林能够有效吸收空气中的 SO_2、NO_x 及 O_3 等污染物，有效降低二次气溶胶的形成，并且树木还能够释放氧气、负离子、有机挥发物等，具有改善环境空气质量的重要作用（Amann et al.，2013）。

在首都北京高速发展的大背景下，了解城市森林与 SO_2、NO_x 及 O_3 的关系，阐明城市森林对三者的净化功能，在实现城市社会、经济和生态环境可持续发展中发挥着关键作用，是推动生态文明建设的重要手段（赵晨曦 等，2013；范欣，2013）。同时，能为相关部门采取有效的植物措施以减轻北京大气 SO_2、NO_x 和 O_3 的污染，改善空气质量提供参考依据。

1.1.2 研究目的

伴随城市不断发展，环境污染问题日益突出，特别是因工业的迅速发展，燃煤电厂、冶金工业及交通运输业等以煤为主的高能耗产业对煤和石油的大量使用，导致大量 SO_2、NO_x 和 O_3 等污染物排放到大气中。而森林具有调节气态污染物浓度的功能，对改善环境空气质量起到至关重要的作用（Amann et al.，2013）。因此，本书针对 SO_2、NO_x 和 O_3 3 种主要污染物，分析其在森林中的动态变化特征，为北京和其他城市污染物治理提供参考。

本书对城市森林环境中不同区域、时间、森林群落类型和植物配置模式下的 SO_2、NO_x 和 O_3 浓度进行长期连续定位观测，探讨不同时空尺度下城市森林中 SO_2、NO_x 和 O_3 浓度的变化特征及影响因素，阐明植被区与非植被区、不同污染水平和城市森林内外 SO_2、NO_x 和 O_3 浓度的动态变化特征，对比不同植物配置模式下 SO_2、NO_x 和 O_3 浓度的变化特征，筛选出对 SO_2、NO_x 和 O_3 净化能力较强的植物配置模式，以期为城市降低污染物浓度、制定污染防治措施提供理论指导，为合理、科学、因地制宜地规划城市绿化提供理论依据。

1.1.3 国内外研究进展

1.1.3.1 气体污染物 SO_2、NO_x 和 O_3 的来源

火山喷发、森林失火、其他天然燃烧、生物腐化和有机生物体的代谢进程都是 SO_2 的天然来源；而 SO_2 的人为来源主要是工业和汽车尾气排放等，化工、炼油等生产过程中也会排出 SO_2（He et al.，2016；张红艳 等，2013）。含硫能源燃烧、金属冶炼、含硫原材料的加工制造是城市大气 SO_2 污染的主要成因。国内北方城区污染主要来自燃煤，有采暖季和非采暖季之分，采暖季 SO_2 浓度日均值远高于非采暖季。南方主要以电力行业为发展重点，电厂分布较广，其排放是 SO_2 污染的最主要来源（He et al.，2016；牟浩，2013）。可见，大气中的 SO_2 多源于人类生活、生产所排放的废气，因此，加强居民环保意识、严格制定工业生产排放标准极为重要，相关部门应采取适当的措施加强对 SO_2 污染的治理。

大气中 NO_x 的天然来源主要有以下 4 个方面：①氮气（N_2）和氧气（O_2）在雷电作用下被催化剂等激活，发生反应形成 NO_x；②平流层的光化学反应；③海洋中有机物分解；④农田土壤和动物排泄物中含 N 化合物的转化。人为来源主要有以下 4 个方面：①以化石燃料和生物质燃烧为主，如汽车、飞机、内燃机及工业窑炉的燃烧过程；②生产和使用硝酸的过程，如氮肥厂、有机中间体厂、有色及黑色金属冶炼厂等；③采暖期锅炉燃烧；④植物体的焚烧。

O_3 的生成是由于存在 NO_x 的情况下，一氧化碳（CO）与挥发性有机物（VOC_s）通过太阳光或者紫外线照射产生的化学反应。大气中 O_3 的来源分为两类，其中，天然来源主要包括：① VOC_s 和 NO_x 经光化学反应生成，调查发现，北美乡村和东南亚地区的 O_3 污染物较高浓度出现在夏季，森林 $BVOC_s$ 升高是其中一个重要影响因素（罗雄标 等，2015）；②高压雷电所产生的 O_3 通过风在平流层传播运输；③森林火灾产生的 O_3。人为来源主要包括：①交通废气污染物排放；②石油化工产业及其相关行业排放；③燃料、植物的焚烧等。天然来源产生的 O_3 只占不到 20%，人为来源才是 O_3 的主要来源，特别是现如今 VOC_s 排放量日益增多。

1.1.3.2　SO_2、NO_x 和 O_3 浓度时空变化特征

（1）SO_2 浓度时空变化特征

目前，国内外已有大量学者开展了对 SO_2 浓度时空变化的相关研究，其中有关 GIS 技术的应用受到了重视（王妮，2017）。在国外，Khamdan 等探讨了 2007 年巴林王国空气质量的时间特征，得出春季 PM10、PM2.5、NO_2、CO 浓度明显高于冬季，而 SO_2、NH_3、苯和 H_2S 的浓度随季节变化不明显。Rimetz–Planchon 等结合当地气象站数据调查了北海南部一个城市化和工业化贸易港口的大气颗粒物污染情况，并对其气象因子进行了分析，揭示了城市范围内 PM10、SO_2、NO_x 浓度的时空分布特征，反映了当地大气环境质量及海港的污染排放状况。Bytnerowicz 等通过对比不同的空间插值模型，得到了欧洲喀尔巴阡山脉森林气体污染物浓度数据的最佳模型，且探讨了当地气体污染物浓度的空间动态变化机制。Kanada 等分析了北京市 SO_2 浓度、来源和治理成效。Quan 等探讨了 2012—2013 年北京市重污染天气下 SO_2 浓度的波动特征和反应机制。

相对国外而言，国内大气污染研究起步较晚，且多集中在 PM2.5 等颗粒污染物上，但近年来气态污染物的研究也日益受到重视（王妮，2017）。卢亚灵等分析了我国地级以上城市 SO_2 浓度时空分布特征，指出 2007—2010年部分城市 SO_2 污染程度逐步减弱，湖南省境内属于 SO_2 高污染区，并似有向西南部转移的趋势。王希波等运用统计分析方法剖析了兰州市 SO_2、NO_x和总悬浮颗粒物（TSP）浓度的时空变化特征，表明兰州市夏秋季大气环境优良，冬春季则较差，从空间角度阐明了工业分布区和人口密集城区污染严重。刘洁等运用 2006 年北京城郊观测站监测数据剖析了 SO_2、NO_x 等的浓度变化，得出取暖期 NO_x、SO_2 浓度城郊差别最大，城区是本底的 4~6 倍，城区 SO_2 日变化呈双峰型，高值约出现在 9：00 和 22：00，郊区则呈单峰型，22：00 左右达高峰。程念亮等指出，北京市 2000—2014 年 SO_2 月均浓度呈 U 型分布，采暖季高于非采暖季，空间分布存在差异。翟崇治等应用被动监测法对重庆主城区 SO_2 和 NO_x 的空间分布特征进行了研究，得出在垂直方向上，SO_2 分布层出现了一个中间污染层；在水平方向上，SO_2 主要集中在重庆主城区的正南方和东北方，主要受工业源的影响。Jing 等应用ArcGIS 空间插值法分析了长春市 2 年夏季气体污染物（SO_2、NO_2 和 O_3）浓度，揭示了该市的空气污染时空分布特征。

综上，国内外对 SO_2 的时空变化研究主要集中在单个城区 SO_2 浓度水平、污染现状、影响因素及来源等方面，缺少对城市森林区及非森林区 SO_2浓度的时空变化研究。而在不同时间和空间尺度上城市森林的生长特征会呈现明显的时空异质性，加之大气层本身及其动态活动的复杂性和区域性，以及 SO_2 自身的复杂性，所以应重视对城市森林内外 SO_2 浓度时空变化的研究。

（2）NO_x 浓度时空变化特征

关于 NO_x 浓度日变化特征国内外已有大量研究，在对美国东部城市大气中 NO_x 与光化学污染的时空变化特征研究中发现，NO_x 呈双峰型变化（Lehman et al.，2004）。国内相关学者也对 NO_x 等气体污染物浓度的时空分布特征进行了研究（安俊琳 等，2008；胡正华 等，2012；沈毅 等，2009），得出一致观点。但在对印度滨海城市 NO_x 浓度变化的研究中发现，NO_x 浓度的日变化均呈现凌晨及傍晚的浓度高于其他时间（Nishanth et al.，2012），这与其他学者的研究结论有所不同，主要因为观测点位于海边，城区大气 NO_x 的浓度日变化会受到人为及气候因素的协同干扰。

对于 NO_x 浓度的季节变化特征，也有许多研究得出了相似的结论。兰州

市环境空气中 NO_x 浓度的季节变化呈现显著的冬春高、夏秋低的特征（王希波，2007）；南京近郊 NO_x 浓度表现为秋冬两季高于春夏两季（胡正华 等，2012；沈毅 等，2009）；而北京城郊 NO_x 浓度均表现为非采暖季显著低于采暖季，其中 7 月最低（刘洁 等，2008）。造成这种季节变化的差异可能是由于观测地点地理位置不同，但南北方大气 NO_x 浓度总体上均呈现冬高夏低的特征，且 NO_x 浓度的季节变化规律具有一致性，其中冬季日较差明显高于夏季（刘洁 等，2008）。值得注意的是，NO_x 浓度在特殊时段内或大气污染事件发生期间会呈现不同的变化规律（王晓磊 等，2014；Chen et al.，2015），其中局地气象因子对 NO_x 浓度变化具有重要影响。

NO_x 的排放强度具有显著的空间异质性，在我国具体表现为西部地区明显低于中东部地区，这与地区的人口密度、能源消耗量及畜禽业的发展有一定的联系（李新艳 等，2012）。Nowak 等（1998）开发了量化城市森林结构与功能的 UFORE（Urban Forest Effect）模型，该模型已被用于评价美国 55 个城市的城市森林系统净化污染物能力。研究指出，55 个城市中的绿地系统每年共可净化有害气体约 70 万 t，对大气主要污染物的净化贡献均在 5% 以内。此外，该模型在其他国家也已经被应用于城市森林的评价，也有学者对其他国家城市的模型参数进行校正。美国林务局发布的 CITY green 模型是在美国应用较为广泛的生态效益评估模型，目前已采用此软件完成了对美国 200 余座城市的生态分析，我国也将此模型引进，并在沈阳等地进行森林生态系统的评价，研究发现，沈阳市 NO_2 每年生态效益达 441.10 kg（胡志斌 等，2003）。Rao M 等（2014）基于 LUR（Land Use Regression）及 SSM（Shift-share Method）模型对美国俄勒冈州波特兰市的 144 个地点进行计算，得出在所选样地范围内每 10 hm^2（占样地面积 20%）树木的树冠每隔 400 m，NO_2 浓度会下降 0.57 μg/L，同时也发现实测结果普遍高于模型计算结果，需进一步研究来挖掘城市森林在改善空气质量方面的潜力。此外，NO_x 等气体污染物在城市边界层表现为空间同步性演变特征，并且呈 "同位相" 的时间演变特征（徐祥德 等，2006）。

国内外学者对于 NO_x 垂直空间浓度变化的研究晚于水平空间，但也初具成果。国外学者在对智利圣地亚哥的观测研究中指出（Villena et al.，2011），在垂直方向上 55 m 的观测高度中 NO_x 浓度与垂直高度呈负相关。国内学者也进行了相关研究，在对台中郊区冬季 1200 m 垂直高度中 NO_x 浓度变化的研究中发现（Chen et al.，2002），NO_2 浓度在 50 m 高度以内随高度的升高而增加，在 50 m 达到最大值；而 NO 浓度在 50 m 以内呈负梯度变化，但 50 m 以上时在不同时间及不同环境条件下的梯度变化具有显著性差异。在北京利用 325 m 高的气象塔对 NO_x 浓度变化观测中发现（刘烽 等，2002；刘小红 等，2000；刘毅 等，2000；Meng et al.，2008），NO、NO_2浓度在各高度上均有显著的日变化特征，1—3 月 NO_x 浓度随高度的增加呈现先增后减的趋势，其中强烈的逆温现象及大气稳定层结构对气体污染物累积及垂直分布起关键作用。在利用天津气象局 255 m 铁塔垂直观测平台对各层大气中的 NO_x 浓度进行连续观测时发现（高文康 等，2012），NO、NO_2浓度随高度的增高而减少，其中 NO_x 主要源于局地近地面污染源的排放。

综上，NO_x 浓度的日变化基本呈双峰型变化趋势，季节变化大多呈现冬高夏低的特点。现有对于城市及城市森林中 NO_x 浓度的时间变化研究主要集中于日变化及季节变化的特征性、规律性总结分析，而在空间上对城市森林不同污染程度下的 NO_x 浓度时空变化研究较为鲜见，故而无法全面地揭示城市森林对 NO_x 浓度时空变化的调控作用，导致无法为合理制定城市大气污染系统的调控措施提供全面信息。

（3）O_3 浓度时空变化特征

O_3 浓度日变化特征与太阳辐射量、温度和平均日照等气象要素呈正相关（张利慧，2019）。Lehman（2004）在研究美国东部对流层 O_3 浓度时空特征时发现，O_3 浓度呈单峰型变化趋势。尚媛媛等（2019）在研究高原城市 O_3 浓度的多尺度变化特征时也发现，贵阳与中东部城市 O_3 浓度日变化特征基本一致，都呈单峰型日变化，即 6：00—8：00 为一天谷值（平均约 35 μg/m³），随后逐渐增加，到 16：00 达到一天最高峰，约为 80 μg/m³。

城市 O_3 浓度季节变化特征在不同地区呈现不同的规律。王萍等（2019）研究发现，2014—2017 年中国主要城市 O_3 浓度季节变化为：冬季＜秋季＜春季＜夏季。有学者研究发现（Lehman et al.，2004），美国东部对流层 O_3 浓度呈现不同程度的季节性变化，其峰值均出现在 6 月、7 月和 8 月。周俊佳发现（2017），福州主城区 O_3 浓度在春季波动最为剧烈，全年最大值和最小值都出现在春季，造成此现象的原因之一是春季气温波动较大，而 O_3 浓度与温度呈正相关。赵辉等（2016）研究表明，北方城市（如北京）O_3 浓度最高的季节是夏季，而南方城市（如南京、广州）是春季和秋季，原因可能是春末秋初气温高而降水少，太阳辐射量大，造成 O_3 浓度高，也可能是南北方气候差异、观测位置不同造成的。

在空间尺度上，人口密集、经济发达的城区污染程度较为严重（王希波 等，2007）。我国引入美国发布的 CITY green 模型，在对沈阳市等地进行调查时发现，城市森林去除 O_3 量 138 557.60 kg，生态效益价值 941 716.00 美元（胡志斌 等，2003）。关于 O_3 在垂直空间上浓度变化的研究虽晚于水平空间，但也取得了很多成果。有学者在初夏智利圣地亚哥市中心一栋高层建筑测量 O_3 浓度梯度时发现，O_3 浓度随海拔升高而升高（Villena et al.，2011）。林莉文等（2018）基于 O_3 探空技术研究发现，北京市城区大气混合层内 O_3 浓度在垂直尺度上季节特征明显，夏季 O_3 浓度随高度升高而减小，冬季 O_3 浓度则随着高度升高而增大。秦龙等（2019）对夏秋季天津市 O_3 浓度垂直分布的研究发现，300 m 处 O_3 浓度变化趋势与近地面基本一致，O_3 浓度随着高度增加呈现先增大后减小的趋势，约在 1000 m 处达到峰值，最大值为 570 μg/m³；在高于 1500 m 的高空，O_3 浓度日变化表现为双峰型曲线，这是因为白天近地面的 NO 在向高空输送的过程中被氧化分解所消耗，使得高空中 O_3 分解能力减弱，O_3 浓度在夜间下降速度缓慢。

综上，目前对城市森林局部地区 O_3 浓度时空变化特征的研究大多在水平空间尺度，且国内外学者在水平尺度上对 O_3 浓度的研究结论较为一致，但是对于垂直空间 O_3 浓度变化的研究较为匮乏，今后研究重点应更多放在垂直空间尺度。

1.1.3.3 环境因子对城市森林 SO_2、NO_x 和 O_3 浓度的影响

（1）环境因子对城市森林 SO_2 浓度的影响

森林净化气体污染物功能主要受森林本身特征、污染物来源、区域传输及大气扩散能力等多种因素综合影响（田伟 等，2013），因森林生活环境及区域气象条件等对本地气体污染物构成有重要影响（Tai et al.，2010）。大气扩散能力、区域传输主要由气象因素主导，使得气象因子成为影响森林净化 SO_2 效果的重要因素。Quan 等也发现，污染源相对稳定时，天气情况是污染物浓度的主导因素。SO_2 的溶解度与温度呈正相关，寒冷的天气会导致树木气孔关闭，从而限制对 SO_2 的吸收（Murph et al.，1977）。温度高，森林大气层不稳定，大气对流和湍流强烈，有利于 SO_2 扩散（田伟 等，2013）。但程兵芬等（2015）提出，正变温促进了边界层结构的稳定，导致气态污染物的扩散受到抑制，SO_2 浓度随之升高。孙扬等也指出，正变温会

促使地面辐合运动增强，不易于 SO_2 扩散。光照与植物叶片吸收气态污染物的气孔阻力相关，会间接影响植物体对气态污染物的吸收，低光照强度会造成气孔关闭，限制 SO_2 的吸收（Baldocchi et al.，1987）。当有降水出现时，SO_2 浓度随降水量的增加而显著降低，城市空气质量往往达到非常清洁的水平（Ozaki et al.，2006）。陈波等研究表明，风速显著影响树木吸附气体污染物的功能，其速度和效率随风速增大而上升，达到峰值后稍有降低，且差异显著。相关研究表明，相对湿度高的环境会促进气态污染物向颗粒态的转化，从而使气态污染物浓度降低（Chow et al.，2002；杨孝文 等，2016），但也有学者指出，湿度大的天气会形成雾罩，不利于污染物的扩散，使得污染物浓度升高（孙扬 等，2006；徐衡 等，2013）。气象要素影响大气 SO_2 浓度，城市森林 SO_2 吸收量与大气 SO_2 污染水平相关（王玲，2015），可见气象因子直接或间接地影响森林对 SO_2 的净化功能。

除气象因子外，植物 SO_2 吸收量也受大气 SO_2 污染水平的影响，大气污染越严重，植物吸硫量越高（王玲，2015）；宋彬等的实验也表明，不同污染程度环境中，同一树种的含硫量和相对吸硫量均存在差异，并随污染的加剧而增长，呈现一定的规律性：重度污染区 > 轻度污染区 > 对照区。SO_2 浓度与森林之间存在以下 3 种关系：①气体浓度较低时，气体污染可能不会损伤到森林，甚至在浓度低于某一数值时有利于森林树木的生长；②气体浓度相对较高时，气体污染可能不会对森林造成明显的损伤，但气体污染导致森林的光合作用和产量降低，森林也会在一定程度上净化空气中的气体污染物；③气体污染导致的可见损伤或森林树木的死亡与森林净化污染物是相互作用的，如 SO_2 在低浓度下溶解在森林植被的叶片水分中，跟随溶解物质进行新陈代谢，从而使得大气中 SO_2 含量降低，达到净化大气的目的，而在高浓度下，硫的代谢可能跟不上吸收，会造成损害，导致森林作为接收器没有足够的吸收能力（Manes et al.，2016）。环境因素对城市森林净化 SO_2 功能有重要影响，所以，本研究探讨了气象因素对城市森林内外 SO_2 浓度变化特征的影响，旨在深入分析城市森林对 SO_2 浓度的影响机制。

（2）环境因子对城市森林 NO_x 浓度的影响

当污染源相对稳定时，气象因素是影响污染物浓度的主导因素。温度高，湿度相对较小，森林大气层不稳定，大气对流和湍流强烈，有利于 NO_x 扩散（Quan et al.，2014）。例如，Gessler 等研究指出，当环境温度从 15 ℃升高至 32 ℃时，植物叶片对 NO_2 的吸收能力呈抛物线型变化，由此可见，温度与植物体吸收 NO_2 的速率有着较高的相关性。此外，平流逆温和夜间辐射逆温复合交织，会阻碍污染物水平和垂直扩散（王希波 等，2007），造成污染物浓度累积。

较高的相对湿度会导致 NO_x 等气态污染物浓度增加，进而增加森林对其的吸收量（Heidorn et al.，1986），如大雾天气会增加 NO_2 浓度（Fantozzi et al.，2015）。

降水对 NO_x 有稀释作用（Puxbaum et al.，2002），还会使 NO_x 沉降，降低其浓度，尤其是大雨对 NO_x 具有较好的清洁作用。有研究表明（陈小敏 等，2013），在重庆冬春季，当降水量达到 5 mm 以上时，NO_x 等污染物浓度显著降低，且污染物浓度随降水量的增加而减少，但二者没有明显的定量对应关系。还有学者指出，NO_x 浓度不仅受降水量的影响，降水频率及降水时间也会对其产生很大影响（杨帆，2015）。

风对 NO_x 的堆积和扩散有着较为直接的影响，其主要作用表现为平流输送。由于风速决定了污染物水平输送和扩散的能力，NO_x 浓度与风速呈负相关（周岳，2015）。NO_x 等污染物会随着风被输送至下风向，在一定范围内，风速越大，NO_x 等污染物的扩散就越强。另外，污染物在随风扩散的同时不断与周围空气混合，从而使得污染物浓度得到稀释。

综上，目前关于气体污染物的研究多集中于气象因素的影响及监测等方面，而结合植被信息、气象条件和污染物浓度水平等因素综合地评价森林对 NO_x 净化功能的研究尤为缺乏，为城市森林管理和空气质量提高提供依据的生态学信息不全面。为此，今后应加强对城市森林环境因子对 NO_x 的影响机制的研究，以确定城市森林环境气象因子对 NO_x 的影响过程和动态变化，进而深入探究城市森林净化对 NO_x 浓度的影响机制。

（3）环境因子对城市森林 O_3 浓度的影响

在污染源稳定的情况下，气象因素对污染物浓度起主导作用。O_3 浓度变化同温度变化呈现基本一致的趋势，表现为单峰型。12: 00 达到温度峰值，此时 O_3 浓度最高（赵丽霞，2018）。这是因为 O_3 是由其前体物进行光化学反应产生的，太阳辐射强弱影响温度高低，O_3 浓度与温度呈显著正相关。

O_3 浓度变化与相对湿度变化趋势呈显著负相关，相对湿度越低，O_3 浓度反而越高（贾维平 等，2019）。相对湿度增加会加快 O_3 分解，水蒸气中氧、氢自由基会分解 O_3，产生氧分子，水蒸气还会吸收太阳辐射，降低温度，

减慢 O_3 的产生过程，使 O_3 累积减少。

风速通过影响 O_3 前体物的聚集和消散，以及 O_3 空间传输，而影响 O_3 浓度（赵辉 等，2015）。风速与 O_3 浓度变化趋势基本保持一致，O_3 浓度随着风速增大而增高，风速强度范围不同，对 O_3 浓度变化的影响也有所不同（李全喜 等，2018）。在风速 $\leqslant$ 5 m/s 时，O_3 浓度随之增加，但不同风速段 O_3 浓度的增加速率不同。

综上所述，现有关于气体污染物的研究多侧重于气象因子的监测及相互关系，而对于结合气象条件与植被信息、污染物浓度等多种因素，整体探究森林 O_3 浓度时空变化规律的研究甚少，不能全面地为提高城市森林生态环境提供理论依据。今后的研究应侧重于环境因子对城市森林 O_3 浓度影响的变化特征，阐释气象因子对城市森林 O_3 浓度动态变化规律的影响过程和机制。此外，O_3 是由 NO_x 和 VOC_s 发生光化学反应产生的，会相互耦合或转化，所以在今后的研究中要更注重 O_3 与其他气态污染物之间的关系，深入探究 O_3 浓度动态变化特征的成因。

1.2　研究区概况

1.2.1　北京市基本概况

北京市位于华北平原西北部，总面积 16 808 km^2，包括平原面积 6390 km^2，山地面积 10 418 km^2，海拔最高达到 2303 m。隶属典型大陆性季风气候，春秋时间短促，夏冬时间较长。春季沙尘大，温差明显；夏季温度相对较高，且属于雨季，降水主要集中于该季节；秋季气候宜人；冬季干燥、多雾霾。北京市园林绿化局官网（http：//yllhj.beijing.gov.cn/）显示，2018 年北京市森林覆盖率和林木覆盖率分别为 43.5% 和 61.5%，森林面积由高到低依次为怀柔、延庆、密云、平谷、门头沟、房山、昌平。北京市城市园林绿化树种包括阔叶乔木——银杏（*Ginkgo biloba*）、毛白杨（*Populus tomentosa*）、旱柳（*Salix matsudana*）、玉兰（*Magnolia denudata*）、黄栌（*Cotinus coggygria*）和刺槐（*Robinia pseudoacacia*）等，针叶树种——油松（*Pinus tabuliformis*）、白皮松（*Pinus bungeana*）、华北落叶松（*Larix principis-*

rupprechtii）和侧柏（*Platycladus orientalis*）等，灌木——大叶黄杨（*Buxus megistophylla Levl*）、樱桃（*Cerasus pseudocerasus*）、紫叶碧桃（*Amygdalus persica*）、金银木（*Lonicera maackii*）、铺地柏（*Sabina procumbens*）和金叶女贞（*Ligustrum × vicaryi*）等。

1.2.2 研究地概况

1.2.2.1 大兴南海子公园

大兴南海子公园（39° 46′ 10″ N，116° 27′ 41″ E）位于北京市大兴区东北部南五环南侧、大兴新城、亦庄开发区和中心城区间，属城乡接合部，车流量高，距南部重工业城市较近，平均海拔 50 m，占地总面积 801 hm²，其中湿地面积 240 hm²，是北京南部最大的人工湿地郊野公园。园内有 150 hm² 地被植物，20 万株乔灌木。主要树种有侧柏、白皮松、油松、五角枫（*Acer elegantulum*）、国槐（*Sophora japonica*）、柳树（*Salix babylonica*）、银杏、悬铃木（*Platanus acerifolia*）、栾树（*Koelreuteria paniculata*）等。

1.2.2.2 朝阳公园

朝阳公园（39° 94′ N，116° 47′ E）位于北京中心城区，即朝阳区朝阳公园南路 1 号，是一处以园林绿化为主的综合性、多功能大型文娱、休闲公园。总规划面积 288.7 hm²，绿地覆盖率 87.00%，水面面积 68.20 hm²，亦为四环内最大的城市公园。该公园平均海拔 37 m，因位于城区，热岛效应较为明显。园内主要森林树种有油松、桧柏（*Sabina chinensis*）、雪松（*Cedrus atlantica*）、白皮松、银杏、柳树、大叶黄杨等。

1.2.2.3 北京植物园

北京植物园（39° 48′ N，116° 28′ E）位于北京西郊西山脚下，总规划面积 400 hm²，是集植物资源展览、保护、科研、科普、游憩和建设于一体的综合性植物园，距市区 18 km。园内囊括了 6000 多种植物，大致为乔灌木 2000 种，热带和亚热带植物 1620 种，花卉 500 种，果树、水生植物和中草药 1900 种。主要乔木树种包括油松、侧柏、雪松、白皮松、柳树、银杏、国槐等，主要灌木树种有女贞（*Ligustrum lucidum*）、黄杨（*Buxus sinica*）、铺地柏（*Sabina procumbens*）、连翘（*Forsythia suspensa*）等。

1.2.2.4 松山自然保护区

松山自然保护区（40°29′9″~40°33′35″N, 115°43′44″~115°50′22″E）位于北京市延庆区西北部，距市区90 km，最低海拔达600 m以上。保护区西、北部与河北省赤城县大海坨国家级自然保护区毗连，西南部与河北省怀来县邻接，东部和北京市玉渡山自然保护区接壤，南部与延庆县张山营镇毗邻。受地形条件影响，该地区气温低、湿度高，为明显的山地气候，是北京低温区之一。年均温度6~8.5 ℃，无霜期140 d，年降水量470 mm，年蒸发量约1600 mm。保护区总面积4671 hm²，森林覆盖率高达87.65%，主要树种有油松、蒙古栎（*Quercus mongolica*）、杨树（*Populus* spp.）和柳树等，自然环境良好。

1.2.2.5 西山国家森林公园

西山国家森林公园（39°58′18.17″N, 116°11′51.20″E）位于北京西郊小西山，地跨海淀、石景山、门头沟3区，属暖温带大陆性季风气候，林木多为夏绿阔叶林，森林覆盖率98.5%，是距北京市区最近的一座国家级森林公园。公园有天然樟子松（*Pinus sylvestris*）4600余株，其中百年以上的古松有1000多株。公园内主要树种为侧柏、油松、刺槐、元宝枫（*Acer truncatum*）、栾树、山杏（*Armeniaca sibirica*）、山桃（*Amygdalus davidiana*）、栓皮栎（*Quercus variabilis*）等。

1.3 研究方法

1.3.1 研究点选取

（1）北京市 SO_2、NO_x、O_3 浓度监测点布局

以覆盖北京市所有区域环境保护监测中心的35个空气质量监测站数据

为基础，研究北京市 SO_2、NO_x、O_3 浓度时空分布特征；依据行政区将北京市划分为城六区、西北部、东北部、东南部和西南部 5 个区域。

（2）植被区与非植被区 SO_2、NO_x、O_3 浓度监测点选取

在北京市环境保护监测中心的 35 个空气质量监测站中选取 10 个监测点，包括 5 对植被区与非植被区，植被区处于森林植被区，非植被区作为植被区的对照点处于市区，以每对监测点靠山和离林区远近、彼此接近及以点带面为原则进行选取。其中，京西北八达岭、京东北密云水库、昌平定陵、北京植物园和门头沟龙泉镇代表 5 个植被区，对应的非植被区依次为延庆、密云镇、昌平镇、海淀万柳和石景山古城。非植被区均处于市区，相对于植被区多高楼建筑、水泥地，森林植被覆盖面积小，人们活动量和交通出行量大。以北京西部地区的北京植物园和海淀万柳这对监测点为参考，探讨 SO_2、NO_x、O_3 在典型污染过程中的浓度变化特征。

（3）城市森林内外 SO_2、NO_x、O_3 浓度监测点选取

设在北京市城郊（分别代表不同城市森林环境）不同污染程度的 5 个城市森林生态环境监测站（林内）为：城市中心区（朝阳公园生态环境监测站）、近郊开发区（大兴南海子公园生态环境监测站）、近郊园林区（北京植物园生态环境监测站）、近郊浅山区（西山国家森林公园生态环境监测站）、远郊清洁区（松山自然保护区生态环境监测站）。城市中心区对应的林外对照点为朝阳农展馆，近郊开发区对应的林外对照点为亦庄开发区，近郊园林区和近郊浅山区对应的林外对照点为北京植物园，远郊清洁区对应的林外对照点为延庆镇。5 个森林生态环境监测站的分布基本体现了北京城市不同森林环境特征。以北京西部地区的北京植物园（林内）和北京植物园（林外）这对监测点为参考，研究气象因素对城市森林 SO_2 浓度的影响；以西部地区的西山国家森林公园（林内）和北京植物园（林外）这对监测点为参考，探究气象因素对林内外 NO_x、O_3 浓度的影响。

（4）植物配置模式选取

在北京大兴南海子公园进行不同植物配置模式净化 SO_2、NO_x 和 O_3 功能的研究。对于 SO_2 的研究，在生长季（5—10 月）选取大兴南海子公园主要针叶纯林、阔叶纯林、针叶混交林、阔叶混交林、乔灌混交林共 5 种植物配置模式（图 1-1），所选配置为北京市绿化常见植物配置模式，乔木树种主要为油松、白皮松、柳树、国槐、银杏、侧柏等树种；灌木树种主要为大叶黄杨、金叶女贞和铺地柏等树种，乔木树种基本信息如表 1-1 所示。对

于 NO$_x$ 的研究，在生长季（5—10 月）选取阔叶纯林、阔叶混交林、针叶纯林、针叶混交林、针阔混交林、阔灌复层林、针阔灌复层林 7 种植物群落结构、26 种植物配置模式，如表 1–2 所示。对于 O$_3$ 的研究，其植物配置模式与 NO$_x$ 相同，但组合顺序存在差异，如表 1–3 所示。上述树种均在北京地区分布较为广泛，是本地有代表性的典型树种，也是北京市平原造林工程重点推荐造林植物中排名靠前的树种。

因大兴南海子公园地被植物种类及其分布基本一致，本书重点研究骨干树种的配置模式对 SO$_2$、NO$_x$、O$_3$ 浓度的影响，即探究不同配置模式对 SO$_2$、NO$_x$、O$_3$ 的净化作用。

图 1–1　大兴南海子公园部分植物配置模式示意

表 1–1　SO$_2$ 浓度监测乔木树种基本信息

树种	胸径 /m	冠幅 /m	株间距 /m	种植密度 /（棵 / 亩）
银杏	27.33	3.50	5.17	23
油松	20.67	4.80	3.80	30
国槐	30.00	4.70	4.75	25
柳树	36.67	3.50	4.50	29

树种	胸径/m	冠幅/m	株间距/m	种植密度/（棵/亩）
悬铃木	31.33	6.30	4.50	24
栾树	18.00	4.00	3.50	31
黄栌	17.33	3.00	3.00	23
苹果	21.33	3.50	3.00	35
紫叶碧桃	17.00	3.00	4.00	29
侧柏	24.67	3.00	3.50	35
五角枫	23.00	5.50	4.25	24
白皮松	22.67	4.50	3.00	38

表 1-2　大兴南海子公园 NO_x 浓度监测植物配置模式

植物群落结构	植物配置模式
针叶纯林	A 白皮松（*Pinus bungeana*）；B 油松（*Pinus tabulaeformis*）；C 侧柏（*Platycladus orientalis*）
阔叶纯林	D 栾树（*Koelreuteria paniculata*）；E 二球悬铃木（*Platanus acerifolia*）；F 五角枫（*Acer mono*）；G 国槐（*Sophora japonica*）；H 银杏（*Ginkgo biloba*）；I 垂柳（*Salix babylonica*）
针叶混交林	J 白皮松＋侧柏
阔叶混交林	K 国槐＋垂柳；L 紫叶碧桃（*Prunus persica*）＋国槐；M 银杏＋垂柳；N 国槐＋二球悬铃木；O 栾树＋二球悬铃木
针阔混交林	P 油松＋国槐＋银杏；Q 油松＋太平花＋黄栌（*Cotinus coggygria*）；R 油松＋二球悬铃木；S 油松＋垂柳；T 油松＋国槐；U 侧柏＋五角枫
针阔灌复层林	V 油松＋苹果（*Malus pumila*）＋铺地柏（*Sabina procumbens*）
阔灌复层林	W 国槐＋大叶黄杨（*Buxus megistophylla*）＋铺地柏；X 垂柳＋金银木（*Lonicera maackii*）＋金叶女贞（*Ligustrum × vicaryi*）；Y 二球悬铃木＋银杏＋大叶黄杨；Z 金银木＋铺地柏

表 1-3　大兴南海子公园 O_3 浓度监测植物配置模式

植物群落结构	植物配置模式
针叶纯林	A 白皮松（*Pinus bungeana*）；B 油松（*Pinus tabulaeformis*）；C 侧柏（*Platycladus orientalis*）

植物群落结构	植物配置模式
针叶混交林	D 白皮松 + 侧柏
阔叶纯林	E 栾树（*Koelreuteria paniculata*）；F 二球悬铃木（*Platanus acerifolia*）；G 五角枫（*Acer mono*）；H 国槐（*Sophora japonica*）；I 银杏（*Ginkgo biloba*）；J 垂柳（*Salix babylonica*）
阔叶混交林	K 国槐 + 垂柳；L 紫叶碧桃（*Prunus persica*）+ 国槐；M 银杏 + 垂柳；N 国槐 + 二球悬铃木；O 栾树 + 二球悬铃木
针阔混交林	P 油松 + 国槐 + 银杏；Q 油松 + 太平花 + 黄栌（*Cotinus coggygria*）；R 油松 + 二球悬铃木；S 油松 + 垂柳；T 油松 + 国槐；U 侧柏 + 五角枫
阔灌复层林	V 国槐 + 大叶黄杨（*Buxus megistophylla*）+ 铺地柏；W 垂柳 + 金银木（*Lonicera maackii*）+ 金叶女贞（*Ligustrum × vicaryi*）；X 二球悬铃木 + 银杏 + 大叶黄杨；Y 金银木 + 铺地柏
针阔灌复层林	Z 油松 + 苹果（*Malus pumila*）+ 铺地柏（*Sabina procumbens*）

1.3.2 研究数据获取与计算

（1）SO_2、NO_x、O_3 浓度数据

城市森林生态环境监测站的 SO_2、NO_x、O_3 浓度数据由美国赛默飞世尔科技公司（Thermo Fisher Scientific，USA）脉冲荧光 SO_2、NO_x 分析仪，49i 型双光室紫外光度法 O_3 分析仪实时监测所获得。根据北京市环境保护监测中心提供的监测点信息获得其他研究区域（点）的 SO_2、NO_x、O_3 实时浓度数据，所用监测仪器与城市森林生态环境监测站一致，监测时间一致，频次均为 1 h 一次的自动监测，全天 24 h 不间断采样。植被区与非植被区数据、城市森林林外数据由北京市环境保护监测中心发布数据获得，城市森林林内数据监测仪器与北京市环境保护监测中心相同。

此外，北京市环境保护监测中心发布的 NO_x 浓度为 NO_2 浓度，因此，为保证数据一致性，减少误差，涉及 35 个环境监测点及其对比的 NO_x 浓度均以 NO_2 浓度进行分析。大气中的 NO_x 主要是由 NO_2 和 NO 组成的，但是 NO 极不稳定，极易与空气中的 O_3 发生氧化反应生成稳定的 NO_2，在一定的

温度条件下也能与 O_2 反应生成 NO_2，NO_x 中只有 NO_2 是最为稳定的。因此，用 NO_2 浓度的变化可以在一定程度上表征环境中 NO_x 的浓度特征。为保证城市森林内外对比分析数据的准确性，城市森林内的 NO_x 浓度数据也选取 NO_2 浓度进行对比分析。

（2）气象数据

利用米特气象站（Weather Meter）获取林内实时气象数据，其他气象数据主要摘自中国天气网（www.weather.com.cn）。主要有气温（Ta/℃）、相对湿度（RH/%）、风速［W/（m/s）］、降水量（P/mm）等气象因子。

（3）大兴南海子公园不同植物配置模式下的 SO_2、NO_x、O_3 浓度

选取生长季每月上旬、中旬和下旬中的典型晴天各 2 d，于 6：00—18：00 每隔 2 h 手持 MultiARE 复合式气体检测仪在大兴南海子公园对不同植物配置模式下的 SO_2、NO_x 浓度进行测定；利用手持智能型 EST–1000 气体检测报警仪测定不同植物配置模式下的 O_3 浓度。因夏季为北京雨季，若遇雨天，则在雨后 7 d 选择晴天进行实验；10 月北京部分阔叶树种叶片逐渐凋零，在 50% 以上植物明显凋零后停止实验。为避免实验误差，雨季和 10 月的实验天数不足 6 d。MultiARE 系列气体检测仪是一款可对多种气体（SO_2、NO_x、VOCs 等）、射线进行持续或间断检测，并有人员跌倒示警作用的高性能便捷式检测仪，因此，可利用 MultiARE 复合式气体检测仪获取不同植物配置模式下的 SO_2、NO_x 实时浓度数据。

（4）大兴南海子公园植物配置模式各项参数

用丈量法测出树种种植面积、株间距和冠幅，用胸径尺测树种胸径，用对角线法估算林带的疏透度，应用叶面积指数仪测出树种叶面积指数，并据式（1–1）推算出林中郁闭度。

$$FCC=1-P（0）=1-e^{-G（0）L} \qquad （1–1）$$

式中：FCC 为郁闭度，$P（0）$ 为观测天顶角为 0° 时森林冠层下的空隙率，$G（0）$ 是叶倾角的函数，设为 0.5，L 为所测的面积指数（Armstion et al.，2007）。

1.4 研究内容

（1）北京市森林净化 SO_2 时空动态研究

通过探讨不同空间尺度上城市森林对 SO_2 浓度时空变化特征的影响，来充分阐释森林对 SO_2 的净化功能。以北京市 SO_2 浓度为研究对象，进行监测站 SO_2 浓度实时监测和野外实验相结合的研究，据此合理选择 SO_2 净化能力强的植物配置模式，深入揭示城市森林生态系统大气调控功能。

（2）北京市森林净化 NO_x 时空动态研究

探究城市森林 NO_2 浓度时空变化特征，分析产生时空差异的原因和影响因素，研究不同植物配置模式下 NO_x 浓度变化特征，筛选出对 NO_x 净化能力较强的植物配置模式，以期为城市降低 NO_x 浓度、制定污染防治措施提供理论指导。

（3）北京市森林净化 O_3 时空动态研究

以北京市 O_3 浓度为研究对象，通过野外监测站实时监测与人工实地测量相结合的方法，分析城市森林中 O_3 浓度时空变化特征及环境因子与其他污染物对 O_3 浓度的影响。阐明植被区与非植被区、不同污染水平和城市森林内外 O_3 浓度动态变化特征，对比分析不同植物配置模式下的 O_3 浓度变化趋势，为合理、科学、因地制宜地规划城市绿化建设提供理论依据。

1.5 技术路线

本书的技术路线如图 1-2 所示。

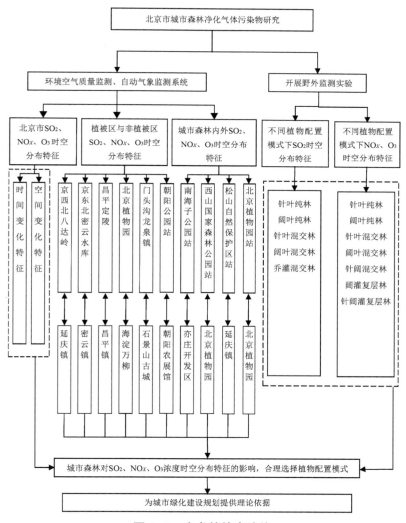

图 1-2　本书的技术路线

北京市森林净化 SO_2 时空动态研究

2.1 北京市 SO_2 浓度时空分布特征

2.1.1 北京市 SO_2 浓度季节分布特征

统计 2013—2016 年 SO_2 浓度可知：北京市 2013—2016 年 SO_2 浓度呈逐年下降趋势，为 2013 年［（26.69 ± 12.50）μg/m³］＞ 2014 年［（19.04 ± 12.58）μg/m³］＞ 2015 年［（13.65 ± 7.55）μg/m³］ ＞ 2016 年［（10.71 ± 5.56）μg/m³］，2016 年 SO_2 浓度比 2013 年降低了 59.87%，大气 SO_2 污染程度逐年减轻。由图 2–1 可知，2013—2016 年 SO_2 浓度季节变化趋势基本一致：冬季 SO_2 浓度最高，夏季最低，4 年 SO_2 平均浓度在冬季高达 30.24 μg/m³，秋春季次之，分别为 8.39 μg/m³ 和 23.21 μg/m³，夏季低至 8.28 μg/m³，冬季污染最为严重，夏季空气质量总体达优良水平。北京冬季是采暖季，因燃煤取暖向大气中排放大量 SO_2，导致 SO_2 排放量在四季中最高，又因冬季大气条件静稳，易于 SO_2 在近地面累积；而北京夏季为雨季，雨水对 SO_2 的清除和转化作用在四季中最明显，又因夏季燃煤所排放的污染物远低于冬季，因此，SO_2 浓度在冬季最高，夏季最低。

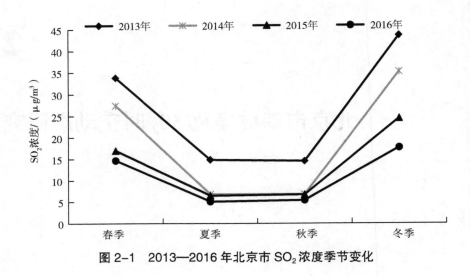

图 2-1　2013—2016 年北京市 SO_2 浓度季节变化

2.1.2　北京市 SO_2 浓度月变化特征

2013—2016 年 SO_2 浓度月变化特征基本呈 U 型。1—8 月温度升高，天气变暖，采暖期结束，落叶植被开始抽枝发芽，SO_2 浓度基本持续降低，降至 8 月达最低值。2013—2016 年每年 8 月的 SO_2 平均浓度分别为 7.92、5.24、4.46、3.77 μg/m³。8—12 月温度降低，植被叶片凋落，加之采暖季的到来，SO_2 浓度逐渐升高，但 12 月风速较大，风速对 SO_2 的驱除作用较强，又因 1 月燃煤量极高，天气形势静稳，高浓度 SO_2 不易扩散而累积在近地面，使其最高值出现在 1 月。2013—2016 年每年 1 月的 SO_2 平均浓度分别为 59.37、55.21、33.59、22.59 μg/m³（图 2–2）。降水对 SO_2 的溶解和清洗作用在 8 月最强，又因夏季空气对流强盛，大气水平、垂直输送能力较强，对 SO_2 的稀释扩散能力强，使得 SO_2 浓度在 8 月最低。

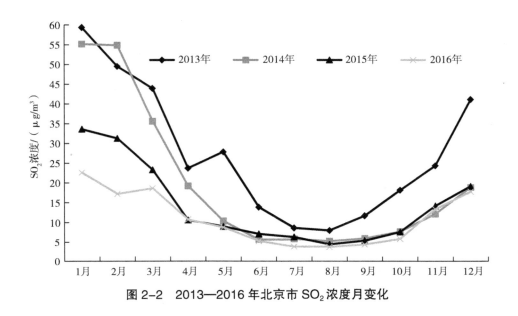

图 2-2　2013—2016 年北京市 SO₂ 浓度月变化

2.1.3　北京市 SO₂ 浓度空间分布特征

2013—2016 年 SO₂ 浓度空间变化趋势基本一致，从南到北呈递减梯度分布，为东南部 > 城六区 > 西南部 > 西北部 > 东北部，但 2016 年西南部 SO₂ 浓度最高；南部地区的 SO₂ 等浓度线密集，说明高 SO₂ 浓度区 SO₂ 浓度分布差异大。2013—2016 年 SO₂ 浓度最低值均出现在京东北密云水库，分别为 14.81、12.37、8.60、5.57 μg/m³；最高值出现在南部，分别是通州新城（36.44 μg/m³）、京东南永乐店（24.11 μg/m³）、通州新城（20.64 μg/m³）及房山良乡（16.07 μg/m³），SO₂ 浓度呈逐年递减趋势。SO₂ 浓度年均值为东南部（21.06 μg/m³）> 城六区（19.29 μg/m³）> 西南部（18.32 μg/m³）> 西北部（15.38 μg/m³）> 东北部（14.10 μg/m³），SO₂ 浓度区域差异明显，东南部浓度最高，东北部最低，南部地区受污染程度高于北部。对各区域 SO₂ 浓度进行单因素方差分析（表 2–1），也证实了北京市区域间 SO₂ 浓度差异显著（$\alpha = 0.05$，$F = 3.87$，$P = 0.006 < 0.05$）。

表 2-1 各区域 SO$_2$ 浓度单因素方差分析

项目	df	F	P
组间	4	3.87	0.006
组内	135		
总数	139		

注：方差齐性检验 Sig=0.445；df 为自由度，F 为统计量，P 代表显著性，均为比较项差异性程度的验证统计量，下同。

2.1.4 讨论

2013—2016 年北京市 SO$_2$ 浓度呈逐年递减趋势，北京市环境空气质量也逐年上升，主要得益于北京市所采取的相关节能减排和空气质量控制措施，且措施得当有效，2016 年总体空气质量达二级良水平（北京市环境保护局，2013—2016）。李景鑫等通过调查南北方污染源发现，气体污染物主要来自工业排放，其后是电力和居民生活，指出我国南北方 SO$_2$ 浓度程度呈逐年降低的趋势。SO$_2$ 主要受燃煤和移动源（机动车）的影响（Wang et al.，2005；Diner et al.，1998），因此，SO$_2$ 的主要来源是工业生产、生活燃煤和含煤能源燃烧所排放的污染物及交通废气排放。2013 年，我国积极出台了《大气污染防治行动计划》，北京市也随之制订并公布了《北京市 2013—2017 年清洁空气行动计划》，因区域联防联控、能源治理与调控、工业及建筑业整治等相关环保措施的有力实施，以及城市森林绿化的投入加大，使得 SO$_2$ 浓度逐年下降，北京市大气环境质量大幅提高（刘辉 等，2011）。

2013—2016 年北京市 SO$_2$ 浓度时间变化特征基本一致，与 PM2.5 季节分布特征基本相似（李景鑫 等，2017），即 SO$_2$ 浓度冬季最高，春秋季次之，夏季最低，北京市夏季空气质量也普遍优于冬季（Chen et al.，2015）。这与程念亮等对 2000—2014 年北京市 SO$_2$ 浓度季节变化特征分析和李景鑫等对 2013—2014 年我国 SO$_2$ 浓度在不同季节的分布特征研究结果一致。

2013—2016 年，北京市 SO$_2$ 浓度空间变化特征从南部到北部呈递减梯度分布，为东南部 > 城六区 > 西南部 > 西北部 > 东北部，空气质量状况也表现为由北向南逐渐变差的趋势（赵晨曦 等，2013；Chen et al.，2015）。

2.1.5　小结

北京市 2013—2016 年 SO₂ 浓度呈逐年下降趋势，为 2013 年 ［（26.69 ± 12.50）μg/m³］ > 2014 年 ［（19.04 ± 12.58）μg/m³］ > 2015 年 ［（13.65 ± 7.55）μg/m³］ > 2016 年 ［（10.71 ± 5.56）μg/m³］，大气 SO₂ 污染程度逐年减轻，空气质量也逐年上升。SO₂ 浓度季节变化趋势基本一致：冬季 SO₂ 浓度最高，夏季最低；4 年 SO₂ 平均浓度在冬季高达 30.24 μg/m³，秋春季次之，分别为 8.39 μg/m³ 和 23.21 μg/m³，夏季低至 8.28 μg/m³；冬季污染最为严重，夏季空气质量总体达优良水平。SO₂ 浓度从南到北呈递减梯度分布，为东南部 > 城六区 > 西南部 > 西北部 > 东北部，但 2016 年西南部 SO₂ 浓度最高；南部地区 SO₂ 浓度分布差异大。SO₂ 浓度 4 年年均值为东南部（21.06 μg/m³）> 城六区（19.29 μg/m³）> 西南部（18.32 μg/m³）> 西北部（15.38 μg/m³）> 东北部（14.10 μg/m³），SO₂ 浓度区域差异明显（α=0.05，F=3.87，P=0.006 < 0.05）。

2.2　植被区与非植被区 SO₂ 浓度变化特征

2.2.1　SO₂ 浓度年际变化特征比较

由上述结果可知，北京东南部污染相对严重，为避免 SO₂ 环境浓度背景值过高影响植被区与非植被区 SO₂ 浓度对比，故将所选对照地集中在北京西北部、城六区和东北部。植被区与非植被区 SO₂ 浓度在 2013—2016 年基本呈下降趋势，和整个北京市 SO₂ 浓度变化特征一致。5 对植被区与非植被区监测点的 SO₂ 浓度均表现为植被区小于非植被区，4 年 SO₂ 平均浓度为植被区（13.78 μg/m³）< 非植被区（16.29 μg/m³）；京西北八达岭（14.19 μg/m³）< 延庆镇（17.45 μg/m³）、京东北密云水库（10.34 μg/m³）< 密云镇（14.09 μg/m³）、昌平定陵（12.78 μg/m³）< 昌平镇（17.11 μg/m³）、海淀北京植物园（14.71 μg/m³）< 海淀万柳（19.78 μg/m³）、门头沟龙泉镇（13.60 μg/m³）< 石景山古城（16.28 μg/m³），植被区 SO₂ 浓度分别比非植被区低 20.01%、26.61%、25.31%、25.63% 和 16.46%，京东北密云水库和

密云镇的差异最大，门头沟龙泉镇和石景山古城差异则最小（图2-3）。初步证实了城市森林对 SO_2 有一定的降解和吸收能力（Nowak et al.，2013；Liang et al.，2010），在2.3节和2.5节将展开详细讨论。

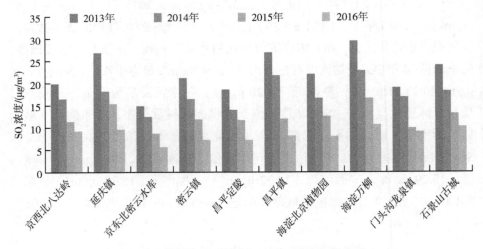

图 2-3　植被区与非植被区 SO_2 浓度年际变化

2013—2016年植被区 SO_2 浓度平均值分别为20.17、15.53、11.26、7.83 μg/m³，非植被区 SO_2 浓度平均值则分别为24.20、19.03、12.91、9.02 μg/m³，比植被区分别高19.98%、22.54%、14.56% 和15.20%；4年 SO_2 浓度降幅表现为植被区（61.18%）＜非植被区（62.73%），植被区受区域环境的影响小于非植被区，可能和城市森林植被调节和吸收 SO_2 功能有关。综上可知，植被区的 SO_2 浓度低于非植被区。非植被区由于接近城市，是人流、物流和车流的交汇区，也是众多工厂的集聚地，因此，相对于植被区，非植被区污染物排放源较多；而植被区树木较多，植被覆盖面积大，可以充分发挥植物对气体污染物的净化功能，同时，植被区远离城市，工厂废弃物造成的污染源少，也使植被区的 SO_2 污染较轻。

2013—2016年，5对植被区与非植被区 SO_2 浓度年变化趋势基本呈V型，夏季最低，冬季最高，SO_2 污染在冬季最为严重，夏季最轻（图2-4）。2013—2016年，植被区夏季 SO_2 浓度平均值分别为10.04、5.03、5.52、3.84 μg/m³，冬季则分别为33.87、28.45、20.37、12.62 μg/m³，夏季和冬季相差分别为70.36%、82.32%、72.90% 和69.57%；非植被区夏季 SO_2 浓度平均值分别为 12.24、6.83、5.37、4.10 μg/m³，冬季则分别为 40.10、34.74、23.04、15.44 μg/m³，夏季和冬季相差分别为 69.48%、80.34%、76.69% 和 73.45%。北京地带性植被为温带落叶阔叶林，夏季为植物生长季，植被净化能力强，冬季落叶树种叶片凋落，不具有净化 SO₂ 的能力，植物持留和抵抗 SO₂ 的能力在夏季远高于冬季（潘文 等，2012；孙淑萍，2011）；冬季也因采暖煤燃烧导致气体污染物显著增加，使得植被区与非植被区夏季和冬季 SO₂ 浓度差异大。

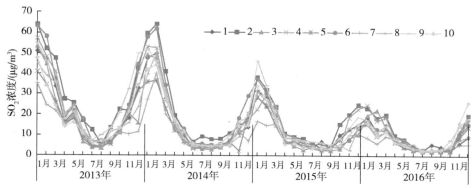

注：1 海淀北京植物园，2 海淀万柳，3 门头沟龙泉镇，4 石景山古城，5 昌平定陵，
　　6 昌平镇，7 京东北密云水库，8 密云镇，9 京西北八达岭，10 延庆镇，下同。

图 2-4　植被区与非植被区 SO₂ 浓度年际月变化

2.2.2　SO₂ 浓度空间变化特征比较

各监测站所处区域如表 2-2 所示，植被区 SO₂ 浓度由低到高依次为京东北密云水库（10.34 μg/m³）< 昌平定陵（12.78 μg/m³）< 门头沟龙泉镇（13.60 μg/m³）< 京西北八达岭（14.19 μg/m³）< 海淀北京植物园（14.71 μg/m³）；非植被区 SO₂ 浓度由低到高依次为密云镇（14.09 μg/m³）< 石景山古城（16.28 μg/m³）< 昌平镇（17.11 μg/m³）< 延庆镇（17.45 μg/m³）< 海淀万柳（19.78 μg/m³）。区域 SO₂ 浓度年均值表现为密云区（12.22 μg/m³）< 昌平区（14.94 μg/m³）< 延庆区（15.82 μg/m³）< 海淀区（17.25 μg/m³），密云区处于东北部，延庆区和昌平区处于西北部，海淀区和石景山区处于城六区，而北京市 SO₂ 浓度区域背景值表现为东南部 > 城六区 > 西南部 > 西北部 > 东北部，其大气 SO₂ 污染程度在区域上存在明显的差异。植被区和非植被区 SO₂

浓度空间变化特征与北京市区域 SO_2 浓度背景值耦合度高，这是由于污染物浓度是植被对 SO_2 净化和抵抗作用的阈值的决定性因素之一，森林植被 SO_2 吸收量与区域 SO_2 浓度的相关性极高（王玲，2015；刘立民 等，2000）。

表 2-2　植被区与非植被区 SO_2 浓度空间分布

单位：$\mu g/m^3$

对照点	海淀区		门头沟区 / 石景山区		昌平区		密云区		延庆区	
	1	2	3	4	5	6	7	8	9	10
2013 年	21.94	29.37	18.84	23.86	18.47	26.81	14.81	21.08	19.88	26.81
2014 年	16.50	22.71	16.76	18.07	13.91	21.64	12.37	16.35	16.40	18.41
2015 年	12.50	16.51	9.82	13.05	11.60	11.89	8.60	11.78	11.32	15.33
2016 年	7.94	10.55	8.99	10.12	7.12	8.09	5.57	7.18	9.18	17.45

2.2.3　典型污染过程对照点 SO_2 浓度特征对比

选择典型污染过程分析植被区与非植被区的 SO_2 浓度变化特征，进一步证实城市森林对 SO_2 的净化功能，并对影响城市森林对 SO_2 净化功能的环境因子进行初步分析。2016 年国庆节长假前后（9 月 30 日至 10 月 4 日），北京市出现了一个典型的完整污染过程，全市 35 个监测点均出现污染。为便于探讨植被区与非植被区在严重雾霾过程中的 SO_2 浓度演变特征，以处在北京西部地区的海淀北京植物园和海淀万柳这对监测点为例进行分析。因 PM2.5 为北京市首要污染物，其污染水平在一定程度上可代表该地区的大气污染状况（Dai et al.，2013），因此，以 PM2.5 污染特征为依据，将整个污染进程划分为 4 个阶段，即污染起始期：9 月 30 日；污染积聚期：10 月 1 日；污染加重期：10 月 2 日；污染清除期：10 月 3—4 日。9 月 30 日至 10 月 3 日，87.50% 以上时段风速低于 1.50 m/s，大气水平运动平稳，均无降水天气；温度和相对湿度在污染期差异较大，变化范围为 11~28 ℃和 37%~96%（图 2-5 和图 2-6）。

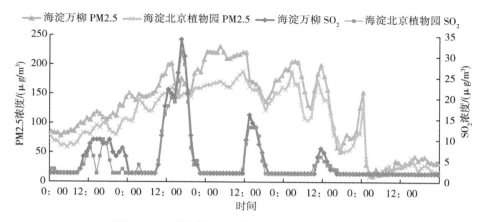

图 2-5　污染过程 SO₂ 和 PM2.5 浓度变化趋势

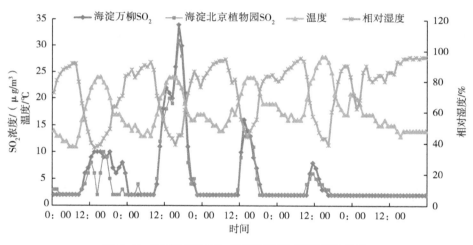

图 2-6　污染过程 SO₂ 浓度和气象因子变化趋势

　　9 月 30 日为起始阶段，海淀万柳 PM2.5 浓度在 78~144 μg/m³，SO₂ 平均浓度为 5.63 μg/m³，海淀北京植物园 PM2.5 浓度在 58~107 μg/m³，SO₂ 平均浓度为 3.75 μg/m³，空气质量为良或三级轻度污染；该日 10：00—18：00 平均温度为 21.78 ℃，相对湿度在 37%~55%，SO₂ 在此时段浓度较高，两个对照点均在 6~10 μg/m³。10 月 1 日是污染积聚期，海淀万柳 PM2.5 浓度在 139~209 μg/m³，SO₂ 平均浓度达 10.38 μg/m³，北京植物园 PM2.5 浓度在 103~163 μg/m³，SO₂ 平均浓度为 9.71 μg/m³，明显高于起始阶段，空气质量下降。11：00—18：00 是 SO₂ 浓度最高时段，海淀万柳和海淀北京植物

园 SO_2 浓度分别在 18~34 μg/m^3 和 16~31 μg/m^3，比 9 月 30 日 SO_2 高浓度时段高约 20 μg/m^3，空气中 SO_2 污染严重，此时段温度和相对湿度分别集中在 19~24 ℃和 39%~61%；该日 0：00—10：00 和 19：00—23：00 温度比 11：00—18：00 低 5~10 ℃，平均空气相对湿度比 11：00—18：00 高约 30%，两时段平均温度为 15.07 ℃，平均相对湿度为 82%，两个对照点 SO_2 浓度在 73.33% 时段为 2 μg/m^3，明显低于 11：00—18：00 的 SO_2 浓度。在起始期和积聚期，87.50% 和 83.33% 时段北京植物园 SO_2 浓度高于海淀万柳。

10 月 2 日为污染加重阶段，PM2.5 浓度达到最大值；海淀万柳空气污染在四级中度及以上水平，54.17% 时段空气质量达五级严重污染，海淀北京植物园 83.33% 时段空气质量达四级重度污染，海淀北京植物园空气质量优于海淀万柳，海淀北京植物园 SO_2 日均浓度比海淀万柳低 0.26 μg/m^3。在 12：00—17：00，温度高于 20 ℃，相对湿度集中在 50%，对照点 66.67% 时段 SO_2 浓度在 10~16 μg/m^3；该日 0：00—11：00 和 18：00—23：00 温度低于 12：00—17：00，在 14~19 ℃，相对湿度高于 12：00—17：00，66.67% 时段相对湿度高于 85%，对照点 SO_2 浓度集中在 2 μg/m^3（比例 > 90%），明显低于 12：00—17：00 的 SO_2 浓度。2 日 SO_2 污染严重时段（12：00—17：00），其浓度平均比污染积聚期 SO_2 污染严重时段低 10~20 μg/m^3，12：00—17：00 和 1 日 11：00—18：00 温度波动范围一致（19~24 ℃），相对湿度均值高于 1 日 11：00—18：00 约 5%，相对湿度可能是 2 日污染严重时段 SO_2 浓度比污染积聚期 SO_2 浓度低的原因之一；2 日雾霾已经完全形成，过高的水汽（75% 时段平均空气相对湿度为 84.44%）、稳定的大气和空气流动性差，促进了气态 SO_2 向颗粒态转化，导致 SO_2 浓度下降（Chow et al.，2002）。

10 月 3—4 日为污染清除阶段，PM2.5 浓度持续下降，3 日 15：00 后空气质量达二级良水平，4 日北京海淀植物园和海淀万柳 PM2.5 浓度均值分别为 27.17 μg/m^3 和 34.29 μg/m^3，SO_2 平均浓度均为 2.00 μg/m^3，SO_2 浓度维持在低水平，空气质量达一级优。3 日 10：00—15：00，温度在 24~28 ℃，平均相对湿度为 51.50%，北京海淀植物园和海淀万柳 SO_2 浓度分别在 3~6 μg/m^3 和 3~8 μg/m^3，该时段浓度基本高于 3 日其他时段和 4 日，除 3 日 10：00—15：00，3 日和 4 日 77.08% 时段温度低于 17℃，87.50% 时段相对湿度高于 80%，且 4 日风速较前几日低，SO_2 浓度低于 3 日 10：00—15：00，两个对照点浓度在 2~4 μg/m^3，4 日浓度均为 2 μg/m^3，植被区与非植被区在清除阶段几乎无差异。

综上可知，在整个污染过程中，随着 PM2.5 浓度的增大和减小，SO_2 浓度在污染的各个阶段均表现为海淀北京植物园小于海淀万柳，即植被区低于非植被区，两个对照点 SO$_2$ 浓度变化趋势基本一致。在污染加重和清除阶段，植被区与非植被区 SO$_2$ 浓度相差甚小（< 0.5 μg/m^3），清除阶段几乎无差别，证实了森林植被的 SO$_2$ 净化能力受区域 SO$_2$ 浓度影响明显。相对湿度和温度也表现出一定的规律性，可见在污染源和其他条件相同的前提下，不管是在植被区，还是在非植被区，气象因素都会对 SO$_2$ 浓度和空气质量变化产生重要影响。在此次污染过程中，风速和降水量条件基本相同，相对湿度越低，温度越高，SO$_2$ 浓度越高，即相对湿度和 SO$_2$ 浓度呈负相关，温度和 SO$_2$ 浓度呈正相关，因此，在 2.4 节将重点探讨气象因子对 SO$_2$ 浓度的影响。

2.2.4　讨论

植被区与非植被区 SO$_2$ 浓度时间分布特征与北京市 SO$_2$ 浓度变化趋势基本一致。夏季大气垂直运动活跃，SO$_2$ 扩散条件良好（蒋燕 等，2016）；该季节为北京雨季，降水量大且集中，SO$_2$ 在水中的溶解度高，使得夏季 SO$_2$ 浓度最低。冬季为北京采暖季，因燃煤取暖造成的 SO$_2$ 排放量在一年中最大，天气干燥少雨，天气形势静稳，逆温、多雾、多云等天气频繁发生，大量 SO$_2$ 累积在近地面；此时正值年关前后，人们外出活动增多，也加大了污染物的排放，导致冬季 SO$_2$ 污染程度最高（蒋燕 等，2017；Huang et al.，2012；鲁绍伟 等，2017）。春秋季降水量较少，空气湿度较夏季低，污染物扩散条件远低于夏季，SO$_2$ 易滞留在空气中；春秋季为北京旅游旺季，人流量和车流量大，造成空气中 SO$_2$ 浓度增加；又因春秋季森林植物净化 SO$_2$ 能力最高，春秋季 SO$_2$ 浓度高于夏季，低于冬季（Huang et al.，2012；鲁绍伟 等，2017）。刘检琴、王妮、李震宇等分别对长沙、重庆和杭州等南方城市的 SO$_2$ 浓度进行研究，也表明 SO$_2$ 浓度时间变化基本表现为夏季 < 春季 < 秋季 < 冬季。

2.2.5　小结

城市森林对大气中的 SO$_2$ 有一定的净化作用，植被区 SO$_2$ 浓度低于非植被区，SO$_2$ 平均浓度为植被区（13.78 μg/m^3）< 非植被区（16.29 μg/m^3）；

京西北八达岭（14.19 μg/m³）＜延庆镇（17.45 μg/m³）、京东北密云水库（10.34 μg/m³）＜密云镇（14.09 μg/m³）、昌平定陵（12.78 μg/m³）＜昌平镇（17.11 μg/m³）、海淀北京植物园（14.71 μg/m³）＜海淀万柳（19.78 μg/m³）、门头沟龙泉镇（13.60 μg/m³）＜石景山古城（168.2 μg/m³）。植被区 SO_2 浓度空间变化趋势为京东北密云水库（10.34 μg/m³）＜昌平定陵（12.78 μg/m³）＜门头沟龙泉镇（13.60 μg/m³）＜京西北八达岭（14.19 μg/m³）＜海淀北京植物园（14.71 μg/m³）；非植被区 SO_2 浓度空间变化趋势为密云镇（14.09 μg/m³）＜石景山古城（16.28 μg/m³）＜昌平镇（17.11 μg/m³）＜延庆镇（17.45 μg/m³）＜海淀万柳（19.78 μg/m³）。植被区与非植被区 SO_2 浓度空间变化与北京市 SO_2 浓度变化趋势高度耦合。

2.3 城市森林内外 SO_2 浓度变化特征

2.3.1 城市森林内外 SO_2 浓度特征对比

城市森林内外（简称林内外）SO_2 浓度年变化趋势完全一致，呈不显著 V 型，为冬季＞春季＞秋季＞夏季（图 2-7），与 2013—2016 年北京市及 5 对植被区和非植被区 SO_2 浓度年变化趋势一致。林内 SO_2 浓度普遍低于林外，进一步说明城市森林对 SO_2 有一定的持留和去除能力（张德强 等，2003）。4 组林内外对照点 SO_2 浓度年均值分别是亦庄开发区（11.14 μg/m³）＞大兴南海子公园（4.23 μg/m³），朝阳农展馆（11.41 μg/m³）＞朝阳公园（3.58 μg/m³），北京植物园（林外）（7.94 μg/m³）＞北京植物园（林内）（3.58 μg/m³），延庆镇（5.16 μg/m³）＞松山自然保护区（2.64 μg/m³）；4 组对照点的 SO_2 浓度月均值也基本为林内低于林外。蒋燕等对比分析了 2015 年采暖季西山国家森林公园和北京植物园的林内外 SO_2 浓度，指出林内 SO_2 浓度在 1—3 月低于林外，11—12 月高于林外，和本研究稍有不同，主要原因是对照点选取原则的不同。对 4 组林内外对照点 SO_2 浓度进行独立样本 t 检验得出，各组林内 SO_2 浓度明显低于林外，且差异显著性程度为 A 组＞B 组＞C 组＞D 组，亦庄开发区和大兴南海子公园 SO_2 浓度差异显著性极强（α=0.05，Sig=0.001），SO_2 浓度年均值相差 6.91 μg/m³，B 组和 C 组差异显著性次之，

SO₂ 浓度在延庆镇和松山自然保护区差异性相对最低（α=0.05，P=0.029），SO₂ 浓度年均值相差 2.64 μg/m³（表 2–3）。

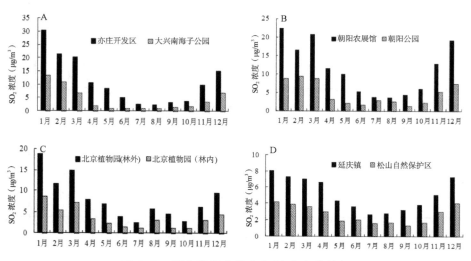

图 2-7 城市森林内外 SO₂ 浓度变化特征

表 2-3 城市森林内外 SO₂ 浓度独立样本 t 检验

项目	方差齐性检验		均值差异 t 测试		
	F	P	t	df	P
A	10.99	0.003	3.81	16.73	0.001
B	9.20	0.006	3.11	15.15	0.007
C	4.27	0.051	2.70	22	0.013
D	5.20	0.033	2.39	15.78	0.029

2.3.2 城市森林 SO₂ 净化能力对比

林内 SO₂ 浓度低于林外，且各对照组差异程度不同，说明城市森林对 SO₂ 有一定的净化作用。表 2-4 显示了各组对照点逐月林内外 SO₂ 浓度差值（森林净化量）和净化比重（SO₂ 浓度差值 / 林外 SO₂ 浓度），因森林净化量受其所处区域 SO₂ 浓度（环境背景值）影响明显，森林净化比重是森林净

表 2-4　城市森林 SO_2 净化特征

单位：$\mu g/m^3$

对照组	指标	1 月	2 月	3 月	4 月	5 月	6 月	7 月	8 月	9 月	10 月	11 月	12 月
A	森林净化量	17.10	10.62	13.34	8.75	7.47	3.91	1.63	1.27	1.96	2.12	6.37	8.35
	净化比重／%	56.02	49.31	66.06	82.66	87.36	77.97	62.46	54.33	58.61	56.74	64.00	55.00
B	森林净化量	13.88	7.20	12.22	8.49	8.05	3.72	1.02	1.15	3.16	3.88	7.71	11.97
	净化比重／%	61.67	43.45	58.59	73.15	79.90	70.35	26.40	31.82	70.42	64.22	60.00	62.17
C	森林净化量	10.23	6.20	7.82	4.44	4.55	2.39	1.15	2.64	3.25	1.55	3.05	5.02
	净化比重/%	54.21	53.35	52.25	56.83	66.08	60.88	47.25	46.09	72.01	54.93	49.54	52.94
D	森林净化量	3.95	3.49	3.45	3.72	2.45	1.58	1.06	1.08	1.89	2.21	2.06	3.32
	净化比重／%	48.64	47.56	48.93	55.62	56.52	43.95	40.26	39.13	58.95	57.82	40.85	45.31

化调控 SO_2 的重要指标。不同区域对照点森林净化 SO_2 浓度规律基本一致：春秋季森林 SO_2 净化能力较强，冬夏季较弱；5 月和 9 月调控和吸收作用最明显，森林净化能力强，7 月和 8 月则最弱。可见森林吸收和抵抗 SO_2 的能力随季节，即生长季发生变化。各对照点 SO_2 净化能力随季节变化趋势不一致。大兴南海子公园和朝阳公园春季 SO_2 净化比重最高，分别为 78.69% 和 70.55%，大兴南海子公园冬季净化比重最低（56.08%），朝阳公园则在夏季最低（42.86%）；北京植物园（林内）和松山自然保护区秋季净化比重最高（63.47% 和 58.39%），夏季最低（51.41% 和 41.11%）。大兴南海子公园和朝阳公园 5 月 SO_2 净化比重最高（87.36% 和 79.90%），大兴南海子公园 SO_2 净化比重 2 月最低（49.31%），朝阳公园则在 7 月最低（26.40%）；

北京植物园（林内）和松山自然保护区 9 月 SO$_2$ 净化比重最高，分别为
72.01% 和 58.95%，8 月最低，分别为 46.09% 和 39.13%。可能是由于各公
园树种种类及组合的差异性，又因生长环境不同，植物生长末期、休眠期、
生长初期、生长旺盛期等各个生长阶段的开始及历经时间也不尽相同，从而
引起植物净化 SO$_2$ 能力强弱出现时间不一致，但总体规律一致，即春秋季强，
冬夏季弱。

由城市森林内外 SO$_2$ 浓度独立样本 t 检验、森林 SO$_2$ 净化量和净化比
重可知：4 组对照点森林对 SO$_2$ 污染的净化能力存在差异，对照点森林年均
SO$_2$ 净化量排序为 A 组（6.91 μg/m³）> B 组（6.87 μg/m³）> C 组（4.36
μg/m³）> D 组（2.52 μg/m³），森林年均 SO$_2$ 净化比重为 A 组（64.21%）>
B 组（58.51%）> C 组（55.53%）> D 组（48.63%），东南部大兴南海子
公园森林净化 SO$_2$ 功能最强，朝阳公园和北京植物园（林内）森林调控及吸
收 SO$_2$ 能力次之，西北部松山自然保护区则最弱。主要是由于：① A 对照
组所处的大兴区 SO$_2$ 浓度高，延庆区 SO$_2$ 浓度相对最低，SO$_2$ 浓度越高，森
林对 SO$_2$ 的吸收和抵抗能力越强，森林的吸硫量则越大，反之也成立。② C 组
和 D 组处于西部山区，森林覆盖面积高于南部的开发区和西部城区，森林常
年对区域大气污染及气候的调节功能强于 A 组和 B 组；③ A 组和 B 组属于
人口密集区，受居民生活和生产活动影响大，SO$_2$ 浓度变化特征及影响因素
复杂，森林净化大气功能所受干扰也较多。因此，4 组对照点城市森林内外
SO$_2$ 浓度差异性大小表现为 A 组 > B 组 > C 组 > D 组，大兴区最高，城六
区和海淀区次之，延庆区最低。

因方差齐性检验 P=0.64，所以用 LSD 法进行森林 SO$_2$ 净化比重多重比
较（表 2-5），大兴南海子公园与松山自然保护区净化 SO$_2$ 能力差异最为显
著（α=0.05，P < 0.01）。大兴南海子公园森林 SO$_2$ 净化比重比松山自然保
护区高 15.58%，森林 SO$_2$ 净化量比松山自然保护区高 4.39 μg/m³；大兴南海
子公园与北京植物园森林净化 SO$_2$ 能力具有差异，虽显著性不强（α=0.05，
P=0.071），但其森林 SO$_2$ 净化比重比北京植物园高 8.68%，净化量比北京
植物园（林内）高 2.55 μg/m³。朝阳公园和松山自然保护区森林净化 SO$_2$ 能
力差异也比较显著（α=0.05，P < 0.05）；朝阳公园、北京植物园（林内）
和松山自然保护区间森林净化 SO$_2$ 能力差异不显著，主要是因为对照点区域
SO$_2$ 背景浓度对森林 SO$_2$ 净化作用影响明显。因方差齐性检验 P < 0.05，即
用 Tamhane's T2 法进行森林 SO$_2$ 净化量多重比较（表 2-5），4 组对照点森

林 SO_2 净化量差异低（α=0.05，P 值均 > 0.05），主要是由于对照点区域 SO_2 背景浓度差异较大。

表 2-5 4 组林内外对照点 SO_2 净化量及净化比重多重比较

（I）对照	（J）对照组	SO_2 净化量		SO_2 净化比重	
		平均差异（I-J）	显著性（P）	平均差异（I-J）	显著性（P）
A	B	0.04	1.000	5.70	0.231
	C	2.55	0.598	8.68	0.071
	D	4.39	0.072	15.58**	0.002
B	C	2.51	0.486	2.98	0.528
	D	4.34*	0.032	9.88*	0.041
C	D	1.84	0.231	6.90	0.148

注：* 表示在 0.05 水平差异显著，** 表示在 0.01 水平差异显著，下同。

2.3.3 不同污染环境中城市森林 SO_2 浓度特征

北京市 SO_2 浓度空间变化呈东南部 > 城六区 > 西南部 > 西北部 > 东北部，即远郊开发区 > 中心城区 > 近郊园林区 > 远郊清洁区，大气中 SO_2 污染程度区域差异明显，虽然区域环境对森林大气 SO_2 含量有一定影响，但除冬季外，各区域内森林 SO_2 浓度与 SO_2 区域空间分布特征耦合度不高，夏季近郊开发区森林 SO_2 污染最轻，秋季近郊园林区 SO_2 浓度最低，远郊清洁区森林 SO_2 浓度次之；各城市森林月均 SO_2 浓度变化无明显规律性（图 2-8）。因方差齐性检验 Sig=0.001 < 0.05，用 Tamhane's T2 法对不同城市森林 SO_2 浓度进行多重比较（表 2-6），显著性水平 α =0.05，显著性 Sig 基本大于 0.50，远大于给定的显著性水平 0.05，森林植被间 SO_2 浓度差异极低，但北京市区域间 SO_2 浓度差异显著（α =0.05，F=3.87，P=0.006 < 0.05），进一步证实了城市森林对 SO_2 的缓冲、调控和吸收作用。

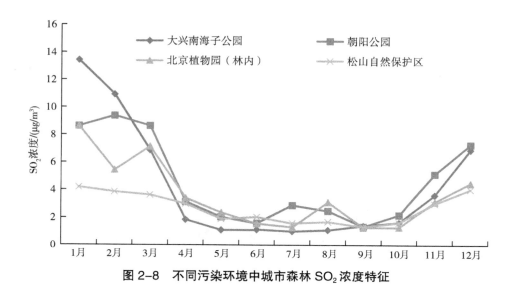

图 2-8　不同污染环境中城市森林 SO₂ 浓度特征

表 2-6　不同城市森林 SO₂ 浓度多重比较

（Ⅰ）对照	（J）对照组	平均差异（I–J）	显著性（P）
大兴南海子公园	朝阳公园	−0.31	1.000
	北京植物园（林内）	0.65	0.998
	松山自然保护区	1.59	0.803
朝阳公园	北京植物园（林内）	0.97	0.955
	松山自然保护区	1.91	0.325
北京植物园（林内）	松山自然保护区	0.94	0.802

注：方差齐性检验 Sig=0.001。

　　1—2 月和 11—12 月（冬季）森林大气 SO₂ 浓度基本表现为松山自然保护区（西北部）＜北京植物园（林内）（城六区）＜朝阳公园（城六区）＜大兴南海子公园（东南部），各森林内 SO₂ 平均浓度在该季分别是 8.71、7.61、4.36、3.75 μg/m³，与区域 SO₂ 浓度空间变化一致。夏季朝阳公园 SO₂ 浓度最高，松山自然保护区和北京植物园次之，大兴南海子公园最低，季节浓度均值分别为 2.29、1.75、1.97、1.05 μg/m³。秋季 SO₂ 浓度在城六区森林［北京植物园（林内）］

最低，季节浓度均值为 1.27 μg/m³，松山自然保护区次之，均值为 1.46 μg/m³，比北京植物园（林内）高 0.19 μg/m³。春季各森林 SO_2 浓度表现为松山自然保护区＜大兴南海子公园＜北京植物园（林内）＜朝阳公园，城六区森林大气 SO_2 污染最严重，可见城市森林大气 SO_2 浓度在春季、夏季和秋季与其区域空间分布特征不一致，在一定程度上阐明了城市森林对 SO_2 的净化能力。

2.3.4　讨论

城市森林因具有净化大气、涵养水源和调节局部小气候等能力，可直接或间接地降低 SO_2 的浓度（Amann et al.，2013；Costanza et al.，1997；刘世荣 等，2015）。刘洁等对比分析北京城郊 O_3、SO_2、NO_x 和 PM2.5 浓度，得出中心城区 SO_2 高于北部郊区，冬季差异明显，夏季差异则较小，该结论与本研究结果一致。

北京北部多山区森林，具有强大的拉动和吸附污染物的功能，植被也可以增加地表粗糙度、降低风速、增加空气湿度（陈波 等，2016；Chen et al.，2016），阻挡了 SO_2 等污染物的输入并促进 SO_2 发生转化；也因北部人们活动少，人为污染源较少，使得北部 SO_2 浓度低（陈波 等，2016；赵晨曦 等，2014）。城六区处于北京市的中心位置，由于地形、建筑物的阻挡，受周边各类污染源影响小，但内部环境封闭造成大气与外界的空气交换难度大；城区人们活动量、交通出行量大，由此带来的污染物浓度高且不易扩散，城区多高楼建筑、水泥地，绿化面积小，森林净化能力弱（Poce et al.，2013），因此，城六区的 SO_2 浓度要高于北部地区。南部属于北京工业聚集区，建筑活动量、交通量和工业生产量大，空气中粉尘、煤烟、废气物含量偏高（程念亮 等，2015；刘俊秀 等，2016）；工业生产对该地的水域环境、森林植被系统造成一定程度的破坏，而植物叶片对 SO_2 的抵抗和吸收作用减弱，水体净化大气能力下降；南部靠近石家庄、保定和太原等重工业城市，且南部多为平原地形，受外来污染物区域传输作用影响明显，导致南部 SO_2 浓度高于北部（Streets et al.，2007）。西南部较城区多山区森林，这可能是西南部 SO_2 浓度低于城六区的主要原因。

2.3.5　小结

林内 SO$_2$ 浓度普遍低于林外，进一步证实了城市森林净化 SO$_2$ 的功能，各森林内外 SO$_2$ 浓度表现为：亦庄开发区（11.14 μg/m^3）＞大兴南海子公园（4.23 μg/m^3），朝阳农展馆（11.41 μg/m^3）＞朝阳公园（3.58 μg/m^3），北京植物园（林外）（7.94 μg/m^3）＞北京植物园（林内）（3.58 μg/m^3），延庆镇（5.16 μg/m^3）＞松山自然保护区（2.64 μg/m^3）。

2.4　城市森林内外 SO$_2$ 浓度与气象因子的关系

2.4.1　SO$_2$ 浓度与风的关系

2016 年 2 月 13—15 日，总降水量为 2 mm，63.89% 时段温度在 −2~3 ℃，空气相对湿度基本在 18%~48%，76.39% 时段风速为 3.4~7.5 m/s，达三级及以上风力，风速明显高于其他季节。林内外 SO$_2$ 浓度随风速增大而降低，随风速减小而升高（图 2–9）。风速在 13 日 15：00 达最高值（7.5 m/s）时，林内外 SO$_2$ 浓度分别为 1.88、1.66 μg/m^3，相对于 14：00 分别下降了 12.56% 和 24.55%；15：00—21：00 风速由 7.5 m/s 下降至 3.4 m/s，SO$_2$ 浓度在林内外增加至 2.04、3.0 μg/m^3；22：00 风速达该日次高峰（6.1 m/s），林内外 SO$_2$ 浓度下降。13 日 22：00 后风速呈下降趋势，此刻 SO$_2$ 浓度在林内外分别为 1.79、2.30 μg/m^3，14 日风速基本较 13 日小，该日低风速时段 SO$_2$ 浓度较此刻高，14 日 22：00 风速最低（2.7 m/s），林内外 SO$_2$ 浓度达该日最高值（2.64、4.7 μg/m^3），较 13 日 22：00 上升了 18.99% 和 204.35%。风速在 15 日 20：00 达到最低值（1.2 m/s）时，林内外 SO$_2$ 浓度达该日最高峰，分别为 1.98、5.2 μg/m^3。13 日 15：00 和 22：00、14 日 23：00 及 15 日 10：00 和 23：00 为风速高峰时刻，林内外 SO$_2$ 浓度在高风速时刻明显降低，但最低值出现时间滞后于风速最高时刻，和陈波等对北京植物园 PM2.5 浓度的研究结果不同，说明林内植被对污染物有一定的抵抗能力，SO$_2$ 和 PM2.5 的差异性也是主要原因之一。对林内外 SO$_2$ 浓度与风速做相关性分析也得出，风速与 SO$_2$ 浓度呈显著负相关（$P=0.01$，林内 $R=-0.65$，林外 $R=-0.79$），说明风速对 SO_2 的驱散作用显著，林外受风速影响更大。林内外 SO_2 浓度在 13 日 16：00、23：00 和 15 日 11：00 分别是 1.71 $\mu g/m^3$ 和 1.43 $\mu g/m^3$、1.71 $\mu g/m^3$ 和 1.68 $\mu g/m^3$、0.90 $\mu g/m^3$ 和 1.30 $\mu g/m^3$，说明在高风速时段，林外 SO_2 浓度出现接近或高于林内的趋势，也证实了林外 SO_2 受风速影响高于林内。

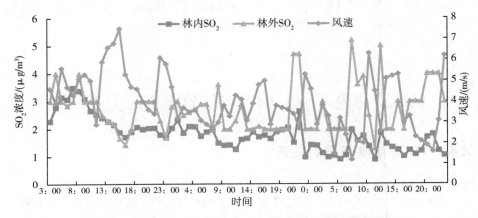

图 2-9　2 月 13—15 日林内外大风天气下 SO_2 浓度变化

除风速外，风向也是影响 SO_2 在大气中扩散的重要因素，结合 2016 年 2 月 13—15 日 SO_2 浓度和风向数据得到风向玫瑰图可知（图 2-10），2 月 13—15 日林内外 SO_2 浓度主要集中在 30°～90°（东北风）和 210°～270°（西南风），120°～180°（东南风）和 300°～360°（西北风）SO_2 浓度相对较小，林外 SO_2 浓度在不同风向下的差异更为明显。林内 SO_2 平均浓度在东北风和西南风下分别为 1.73、1.82 $\mu g/m^3$，在东南风和西北风下则为分别 1.69、1.11 $\mu g/m^3$；林外 SO_2 平均浓度在东北风和西南风下分别为 2.70、2.79 $\mu g/m^3$，在东南风和西北风下则为分别 2.06、1.67 $\mu g/m^3$，说明在东北风和西南风的影响下 SO_2 浓度较高，东南风和西北风下较低。主要原因是北京工业、老城区多集中于西南部，燃煤量大，且南部临近众多重工业城市，区域传输明显，大量 SO_2 在西南风向下被输送到北京；因北京三面环山，东北气团对北京控制较弱，不利于 SO_2 扩散，SO_2 浓度在东北和西南风向上较高。西北部清洁气团进入北京，SO_2 易于扩散，再加上北部沙尘被输送到北京，其所含碱性颗粒物有利于 SO_2 的吸收，使得 SO_2 浓度在西北风向下较低

（杨孝文 等，2016）；东南风所带的暖湿气流促进 SO₂ 发生转化可能是东南风向下 SO₂ 浓度较低的主要原因。

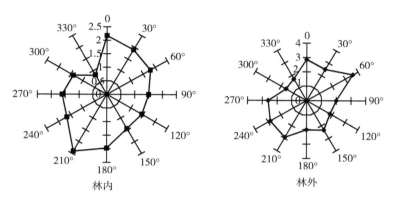

注：图中数据点代表在该方向上的 SO₂ 浓度；数值 0、1、2、3、4 代表 SO₂ 浓度，单位为 μg/m³。

图 2–10　2 月 13—15 日林内外大风天气下 SO₂ 浓度变化和风向玫瑰图

2.4.2　SO₂ 浓度与温度的关系

2016 年 9 月 1—3 日，林内外降水量为 0，76.39% 时段空气相对湿度为 21%~79%，87.50% 时段风速为 0~1.50 m/s，温度在 18~29.6 ℃，温差相对较大，因此选这 3 天来研究林内外 SO₂ 浓度和温度的关系。由图 2–11 可知，温度和 SO₂ 浓度基本呈正相关。9 月 1 日 12：00—14：00 均温达 26.1 ℃，为当日温度最高时段，林内外 SO₂ 浓度平均值分别为 0.10、5.37 μg/m³，14：00 后温度呈直线下降趋势，SO₂ 浓度也随之下降。在 9 月 2 日 4：00—6：00 达温度最低时段，温度在 18.0~18.4 ℃，林内外 SO₂ 浓度均值分别为 0.05、5.00 μg/m³，相对 1 日 12：00—14：00 分别降低了 50% 和 6.9%。2 日早晨 6：00 后温度基本呈逐渐升高趋势，至 9 月 3 日 14：00 达最高，温度为 29.6 ℃，此时林内外 SO₂ 浓度分别是 0.69、8.00 μg/m³，为 2 日和 3 日林内外 SO₂ 浓度最高值时刻，说明大气中 SO₂ 浓度随温度的升高而升高。对 1—3 日林内外 SO₂ 浓度和气象因素做相关性分析（表 2–7），SO₂ 浓度和相对湿度、降水及风速相关性不显著（$P > 0.05$，$R < 0.50$），林内外 SO₂ 浓度和温度呈正相关，且显著性强 [$P < 0.05$，$R=0.57$（林外），$R=0.55$

（林内）］，证实了当其他气象因子稳定时，温度升高，森林内外 SO_2 含量增加，温度降低，SO_2 浓度随之下降；相关性系数 $R=0.57$（林外）> $R=0.55$（林内），说明林外 SO_2 浓度受温度影响更明显。在 2.2.3 节典型污染过程中，相对湿度越低，温度越高，植被区与非植被区 SO_2 浓度越高；相对湿度越高，温度越低，SO_2 浓度则越低，也说明了 SO_2 浓度和温度呈正相关。林内 SO_2 浓度受温度影响相对林外较小，主要是由于林内植被蒸腾作用降低了温度，使得温度变化幅度较小，由温度引起的 SO_2 浓度变化也相对较小。

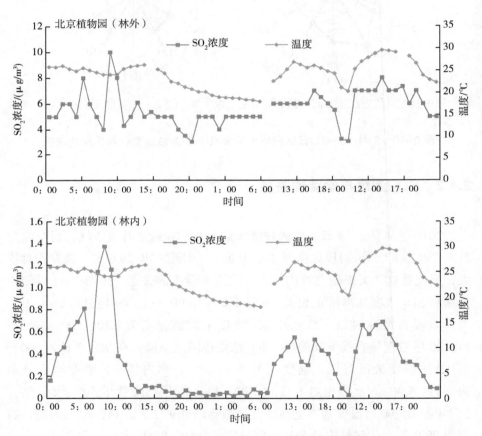

图 2-11　9 月 1—3 日 SO_2 浓度和温度变化特征

表 2-7 9 月 1—3 日 SO₂ 浓度与气象因素相关性分析

	林外				林内			
	温度	相对湿度	风速	降水量	温度	相对湿度	风速	降水量
相关系数	0.57	0.36	0.12	—	0.55	0.32	0.09	—
显著性水平	0.000	0.070	0.140	—	0.000	0.070	0.140	—
数量	55	55	55	55	55	55	55	55

2.4.3 SO₂ 浓度与降水量的关系

2016 年北京市 SO₂ 浓度区域分布特征为西南部 > 东南部 > 城六区 > 西北部 > 东北部，为避免 SO₂ 浓度过高或过低影响分析结果的准确性，选择处于城六区的北京植物园（林内外）对照点进行研究，城六区 SO₂ 浓度位于中等水平。选择典型降水日研究降水对 SO₂ 浓度的削减能力（表 2-8），林内外 SO₂ 浓度在降水后明显低于降水前，降水对林内外 SO₂ 浓度的削减效应明显，且存在季节差异。秋季降水对 SO₂ 的削减作用突出，呈现一定的规律性，即降水时长越长，降水量越大，降水强度越高，削减率越高。降水对 SO₂ 的清洗作用明显。9 月 26 日降水强度最高（3.64 mm/h），林内外削减率在降水日内最高，分别是 93.75% 和 85.96%；10 月 7 日降水量最大（38.4 mm），降水时间最长（19 h），林内外削减率分别为 70.00% 和 60.38%，仅次于 9 月 26 日；9 月的降水时长和降水量低于 10 月，但 9 月林内外综合 SO₂ 削减率高于 10 月，为 54.14% 和 45.61%，这可能和 10 月 SO₂ 浓度的较高环境背景值有关。

春冬季降水极少，4 月和 5 月降水日，降水时长、降水量和降水强度相同，分别为 1 h、0.2 mm 和 0.2 mm/h，削减率却不同，4 月 SO₂ 平均削减率在林内外分别是 50.89 % 和 56.56%，5 月则为 13.04% 和 8.63%，远低于 4 月。冬季 11 月 20 日降水时长和降水量较 4 月多，分别是 15 h 和 6.4 mm，但削减率比 4 月低，林内外分别是 43.37% 和 28.75%，11 月 SO₂ 浓度较 4 月高，降水对 SO₂ 浓度的淋洗和清除作用有限是其主要原因。夏季削减率和降水时长、降水量和降水强度无明显相关性，降水对 SO₂ 浓度的削减作用复杂。连续降水日（7 月 30—31 日、10 月 6—7 日和 10 月 20—21 日），降水对 SO₂ 浓度的削减效应复杂，甚至表现出负的削减率，可能是由于在连续降水日中，

SO$_2$浓度在降水的持续削减作用下达到最低，之后降水的清除作用相对不明显。一年的降水日中，林内削减率基本低于林外，降水对 SO$_2$ 的清除作用在林外比林内显著。

表 2-8   不同日期降水对林内外 SO$_2$ 浓度的削减效应

日期	降水时长 /h	降水量 /mm	降水强度 /（mm/h）	SO$_2$ 浓度 /（μg/m^3）					
				林外			林内		
				降水前	降水后	削减率 /%	降水前	降水后	削减率 /%
4 月 12 日	1	0.2	0.20	8.67	4.00	53.86	3.33	1.92	42.34
4 月 16 日	1	0.2	0.20	6.11	3.03	50.41	3.9	2.84	27.18
4 月 27 日	1	0.2	0.20	5.04	2.60	48.41	0.61	0.42	31.15
5 月 2 日	1	0.2	0.20	2.30	2.00	13.04	0.58	0.53	8.62
6 月 7 日	1	0.2	0.20	2.00	2.00	0.00	1.41	1.13	19.86
7 月 30 日	1	0.2	0.20	3.00	3.00	0.00	1.38	1.35	2.17
7 月 31 日	2	0.4	0.20	3.00	3.00	0.00	1.21	1.19	−1.65
8 月 1 日	1	0.2	0.20	6.00	5.00	16.67	3.39	3.02	10.91
8 月 7 日	5	6.4	1.28	5.00	6.00	−20.00	0.36	0.31	13.39
8 月 15 日	4	3.6	0.90	5.00	4.00	20.00	0.63	0.58	7.94
8 月 17 日	2	0.4	0.20	5.00	4.00	20.00	0.60	0.58	3.33
8 月 18 日	13	22	1.69	9.00	6.00	33.33	0.53	0.41	22.64
9 月 7 日	2	2.4	1.20	11.00	4.00	63.64	0.63	0.35	44.44
9 月 17 日	4	6.2	2.07	8.00	2.00	75.00	0.16	0.09	56.25
9 月 18 日	3	0.8	0.27	2.57	2.10	18.29	0.11	0.08	27.27
9 月 23 日	3	6.6	2.20	2.50	2.00	20.00	1.11	0.95	14.14
9 月 26 日	5	18.2	3.64	32.00	2.00	93.75	0.57	0.08	85.96
10 月 4 日	13	6	0.46	2.00	0.65	67.50	0.75	0.30	60.00
10 月 6 日	2	0.4	0.20	2.00	1.00	50.00	0.71	0.45	36.62

续表

日期	降水时长 /h	降水量 / mm	降水强度 / (mm/h)	SO$_2$ 浓度 / (μg/m^3)					
				林外			林内		
				降水前	降水后	削减率 /%	降水前	降水后	削减率 /%
10 月 7 日	19	38.4	1.76	2.00	0.06	70.00	0.53	0.21	60.38
10 月 20 日	7	4.4	0.63	2.71	1.00	63.10	0.68	0.28	58.82
10 月 21 日	3	2.4	0.80	2.30	2.00	13.04	1.91	2.16	−13.09
10 月 27 日	10	12	1.20	2.78	2.00	39.00	0.19	0.12	36.84
11 月 20 日	15	6.4	0.43	3.80	2.00	47.37	11.48	8.18	28.75

注：削减率 =（降水前 SO$_2$ 浓度 − 降水后 SO$_2$ 浓度）/ 降水前 SO$_2$ 浓度。

2.4.4 SO$_2$ 浓度与相对湿度的关系

因北京属于暖温带半湿润大陆季风气候，夏季高温高湿，冬季严寒干燥，春秋季较短，所以选取夏秋季典型高湿天气分析相对湿度与 SO$_2$ 浓度的关系。所选高湿天气温度、风速和降水等气象因子稳定，湿度变化较大：平均风速在 0.30~1.00 m/s，降水量为 0，温度在 25~35 ℃，平均相对湿度在 85% 以上。对林内外 SO$_2$ 浓度和相对湿度进行线性回归分析可知（表 2-9），林内回归方程为 $y=58.65-0.36x$（y 代表 SO$_2$ 浓度，x 代表相对湿度），该线性关系显著（$\alpha=0.05$，$F=19.12$，Sig=0.00）；林外回归方程为 $y=144.34-1.38x$，并且显著性强（$\alpha=0.05$，$F=70.74 > 19.12$，Sig=0.00）；林内外 SO$_2$ 浓度与相对湿度呈显著负相关。林外线性关系显著性高于林内，林外 SO$_2$ 浓度受相对湿度影响更明显。树木可调节局部小气候，具有降低林内温度、防风固沙和增加空气湿度等作用，又因林内环境封闭，使得林内 SO$_2$ 浓度受外界影响，特别是受气象因素的影响低于林外，间接证实了森林对 SO$_2$ 浓度的调控和净化能力。

表 2–9　林内外 SO_2 浓度变化和相对湿度回归分析

	林外					林内				
	平方和	df	F	P	非标准化系数	平方和	df	F	P	非标准化系数
回归	7923.59	1	70.74	0.00		685.99	1	19.12	0.00	
残差	6031.25	986				1721.38	986			
合计	13 954.84	987				2407.37	987			
常量					144.34					58.65
湿度					−1.38					−0.36

注：平方和、df、F 和 P 均为该回归方程可靠性的验证统计量。

2.4.5　讨论

气象条件主要通过影响污染物的稀释、扩散、聚集、沉降、冲洗而对大气污染产生作用，相对湿度、风速、降水量、温度、大气压等是影响大气污染的主导因子，且对各污染物的影响程度不同（Thurston et al.，2011）。降水量越大，空气中 SO_2 浓度越低，降水量减少，SO_2 浓度随之升高。降落的水汽凝结体可将空气中的 SO_2 污染物带到地面，使其在大气中消失，且 SO_2 易溶于水，在高湿环境下易发生气粒转化（张敏　等，2009），进而使大气中的 SO_2 消失，浓度降低。程念亮等也指出，6—8 月降水多，大气运动剧烈，使得 SO_2 有良好的扩散条件，是北京夏季 SO_2 浓度最低的主要原因之一。张敏等研究表明，SO_2 在水中的溶解度要高于 NO_x 和 O_3，降水具有明显的清除和转化 SO_2 的作用，所得结论与本研究一致。

蒋燕等指出，风速与 SO_2 呈显著负相关（P=0.01），风对 SO_2 的驱散作用显著，林外受风速影响更大。周岳分析得出，风对 SO_2 的堆积和扩散有着较为直接的影响，其主要作用表现为平流输送，风速决定了污染物的水平输送和扩散，SO_2 浓度与风速呈负相关，且污染物在受风吹动扩散的同时，也在不断与周边空气混合而得到稀释，使其浓度下降。风速越大，大气的水平运动越活跃，SO_2 扩散条件良好，SO_2 浓度下降；反之，风速减小，大气水平运动受阻，还易形成逆温层，不利于天气尺度扰动的进行，SO_2 不易扩散，致使其浓度上升（陈波 等，2016；杨孝文 等，2016；Khan et al.，2010）。Esmaiel 等在美国、澳大利亚等地调查研究表明，一定范围内的风速可以加快污染物扩散，浓度随之下降，该结论也与本研究一致。但 Beckett 等研究发现，风速显著影响树木吸附气体污染物的功能，其速度和效率随风速增加而提高，达高峰后稍有降低，且差异显著。SO$_2$ 浓度在东北风和西南风风向下较高，东南风和西北风风向下较低，这和陈波等对 PM2.5 浓度的研究结果一致，说明风向对于城市 SO$_2$ 等污染物的输送也具有重要的影响作用。杨孝文等的研究结果表明，因来自西南方的气团途经北京南部重工业区，由西南风向输送的南部地区污染物是冬季北京出现污染过程的重要原因。但张敏等指出，当地区大气 SO$_2$ 污染严重时，风向与 SO$_2$ 浓度无相关性。

本研究选择除温度差异大外，其他气象因素稳定的连续 3 天，对这 3 天的 SO$_2$ 浓度进行对比分析，证实了当其他气象因子稳定时，温度升高，森林内外 SO$_2$ 含量增加，温度降低，SO$_2$ 浓度随之下降；相关性系数 $R=0.57$（林外）> $R=0.55$（林内），林外浓度受温度影响更明显。在典型污染过程中，植被区与非植被区 SO$_2$ 浓度变化特征也说明了 SO$_2$ 浓度和温度呈正相关。人们在生产、生活过程中向大气排放大量含硫污染物，因温度升高，其易于发生光化学反应生成 SO$_2$，又因正变温促进了边界层结构的稳定，且升温易导致逆温现象出现，如平流逆温和夜间辐射逆温复合交织，会阻碍污染物扩散运动（王希波 等，2007），使得 SO$_2$ 浓度升高；孙扬等也指出，正变温会使得地面辐合运动增强，不易于 SO$_2$ 扩散，和本研究结果一致。程兵芬等提出，正变温促进了边界层结构的稳定，抑制了气态污染物的扩散，使得 SO$_2$ 浓度升高。但 Zhang 等发现，高温导致近地面气压不稳定，与外界空气交换频繁，SO$_2$ 在一定程度上被输送到外界，温度升高有利于植物进行光合作用，吸收空气中的污染物，使得 SO$_2$ 浓度降低。蒋燕等的分析却表明，温度在短时间内变化有限，导致温度对 SO$_2$ 浓度影响复杂，所以，温度与 SO$_2$ 浓度的关系有待进一步研究。

林内外 SO$_2$ 浓度与相对湿度的负相关性显著，主要是因为：①在高湿环境中，空气中的水汽和凝结核增多，气态 SO$_2$ 易于和 NH$_3$ 反应生成水溶性化合物，促进了气态 SO$_2$ 向颗粒态转化。② SO$_2$ 在水中的溶解性极强，使得 SO$_2$ 发生明显转化（Nowak et al.，2000），并且得到去除。程兵芬等提出，在高湿空气中，气态 SO$_2$ 易于溶解、混合于凝结核中，并发生反应生成 PM2.5，使 SO$_2$ 浓度下降；杨孝文等也提出，潮湿环境会促进气态污染物向颗粒态的转化。但徐衡等指出，相对湿度大的天气会形成雾罩，不利于污染物的扩散。赵晨曦等和 Pateraki 也得出，较高的湿度容易引发逆温、雾霾等天气，污染物扩散条件较差，导致其浓度升高。污染物排放源、地区传输和大气扩散能力共同决定城市污染物浓度，但短期内地区污染源变化有限，后两者起关键作用（田伟 等，2013；Giorgi et al.，2007），证实了气象因子对 SO_2 浓度有重要影响。

2.4.6 小结

降水对林内外 SO_2 浓度的削减效应明显，且存在季节差异。风速与 SO_2 浓度呈显著负相关（$P=0.01$，林内 $R=-0.65$，林外 $R=-0.79$），风速对 SO_2 的驱散作用显著；SO_2 浓度主要集中在 $30°\sim90°$（东北风）和 $210°\sim270°$（西南风），$120°\sim180°$（东南风）和 $300°\sim360°$（西北风）SO_2 浓度相对较小。林内外 SO_2 浓度和温度呈正相关，且显著性强［$P<0.05$，$R=0.57$（林外），$R=0.55$（林内）］。林内和林外相对湿度与 SO_2 浓度的回归方程分别为 $y=58.65-0.36x$、$y=144.34-1.38x$，且线性关系显著（$\alpha=0.05$，$P<0.01$），SO_2 浓度与相对湿度呈显著负相关。降水量、大风、温度、湿度等气象因子对森林内外 SO_2 浓度有重要影响，林外 SO_2 浓度受气象因子的影响高于林内。

树种选择和环境因子是影响 SO_2 净化功能的主要因素，因此，应根据树种的叶表面形态、生长期、冠幅及光合蒸腾作用等形态及生理生态特征，同时考虑环境因素，特别是对气象因子的分析，选择对 SO_2 净化能力强的树种进行合理优化配置。但本研究并没有对城市森林受 SO_2 胁迫的抗性进行分析，抗性会使树种的生理生化特征发生变化，从而对其净化大气的能力产生影响；本研究也没有对各树种净化 SO_2 能力的差异性进行机制性分析，因此，森林对 SO_2 的净化能力有待进一步研究。此外，各气象因素间的关系较为复杂，本研究在探讨气象因素对 SO_2 浓度的影响时没有考虑各因素间的关系，因此，气象因子的影响作用有待进一步研究。

2.5　不同植物配置模式下 SO₂ 浓度变化特征

2.5.1　不同植物配置模式下 SO₂ 浓度时间变化特征

在植物生长季（5—10 月），各植物配置模式下 SO₂ 浓度日变化规律基本一致，即呈单峰单谷型。SO₂ 浓度在清晨 6：00—10：00 基本呈上升趋势，10：00—14：00 呈下降趋势，傍晚 18：00 左右出现浓度次高峰；SO₂ 浓度在 10：00 左右出现高峰，14：00 左右出现谷值（图 2–12）。5—10 月各植物配置模式下 SO₂ 浓度均值在 10：00 分别为 2.99、1.92、1.54、1.55、2.92、3.72 μg/m³，在 14：00 则为 1.54、1.21、0.92、0.97、2.08、2.75 μg/m³，次高峰浓度均值分别为 2.40、1.99、1.32、1.33、2.46、2.70 μg/m³，浓度高峰值比低谷值分别高 94.16%、58.68%、67.39%、59.79%、40.38% 和 35.27%，SO₂ 浓度日变化明显。分析主要原因是：① SO₂ 主要受燃煤量影响（Wang et al.，2005），10：00 左右属上班早高峰时期，机动车辆排放大量尾气，此时居民炊事活动燃煤燃气量大增，工业生产燃煤量上升，向外排放出大量含硫气体污染物；18：00 左右为下班晚高峰，人流量和交通量增大，向大气排出的 SO₂ 量也大幅上升，SO₂ 浓度出现次高峰。②中午 10：00—14：00 达一天最高温，大气垂直对流运动强，使得近地面 SO₂ 向高空扩散，不易累积在近地层；温度较高，植物蒸腾和呼吸等生理作用强烈，与外界气体交换频繁，使得 SO₂ 浓度出现谷值。

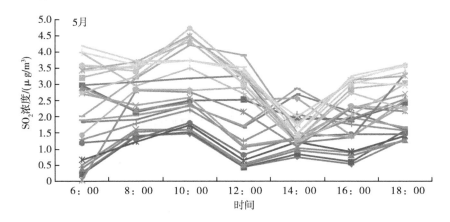

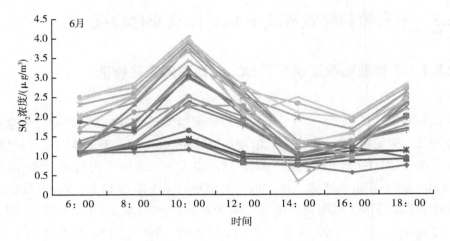

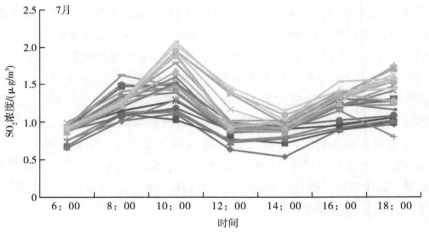

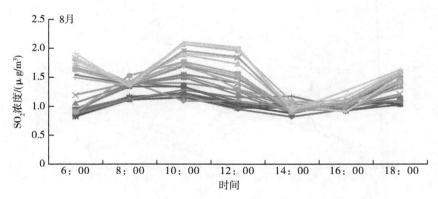

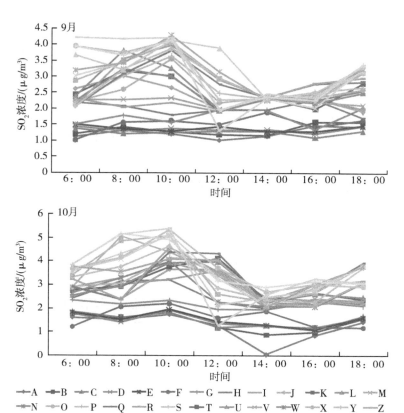

注：A—Z分别代表金叶女贞＋金银木＋柳树、国槐＋大叶黄杨＋铺地柏、油松＋国槐＋银杏、国槐＋柳树、银杏＋柳树、紫叶碧桃＋国槐、金银木＋铺地柏、悬铃木＋大叶黄杨＋银杏、国槐＋悬铃木、柳树纯林、国槐纯林、栾树＋悬铃木、苹果＋油松＋铺地柏、太平花＋油松＋黄栌、栾树纯林、悬铃木纯林、五角枫纯林、银杏纯林、柳树＋油松、油松＋国槐、悬铃木＋油松、侧柏＋五角枫、白皮松＋侧柏、侧柏纯林、白皮松纯林、油松纯林。

图 2–12　不同植物配置模式下 SO₂ 浓度日变化特征

　　由表 2–10 可知，在植物生长季（5—10 月），各植物配置模式下 SO₂ 浓度月均值都表现为夏季低于秋季；悬铃木＋大叶黄杨＋银杏、侧柏＋五角枫、白皮松＋侧柏、侧柏纯林、白皮松纯林和油松纯林 SO₂ 浓度月变化规律一致：表现为 7 月 < 8 月 < 6 月 < 9 月 < 5 月 < 10 月，除上述 6 种配置外，其他植物配置模式下 SO₂ 浓度月变化表现为 7 月 < 8 月 < 6 月 < 5 月 < 9 月 < 10 月，和整个北京市 SO₂ 浓度的时间分布趋势基本一致。程念亮等对北京市 2000—2014 年的 SO₂ 浓度进行连续观察，也发现 SO₂ 浓度月均值在 6 月、

7月和8月最低，5月、9月和10月次之，空间分布存在差异。10月 SO_2 浓度最高、夏季最低的主要原因为：①10月是北京秋季，大气层结稳定，空气湿度较大，相较夏季雾霾天气易于形成并加剧逆温现象，引起上暖下冷的暖盖结构，大气边界层高度随之下降，不利于 SO_2 扩散（唐贵谦 等，2010）。②10月为北京旅游旺季，又因1—7日为国庆节长假，中外游客大量增加，频繁的出行活动也会引起 SO_2 浓度升高。夏季温度相对较高，大气垂直运动强烈，有利于污染物的扩散（曲晓黎 等，2011），夏季为雨季，降水对 SO_2 的稀释和溶解作用明显，使得大气中 SO_2 浓度最低。③植物在春秋季净化 SO_2 的能力较强，但北京属于落叶阔叶林地带性植被，部分树种在10月树叶已经凋零枯落，对 SO_2 的吸收和转化能力相对降低。

表 2-10 生长季不同植物配置模式下 SO_2 浓度月均值

单位：$\mu g/m^3$

植物配置模式	5月	6月	7月	8月	9月	10月
金叶女贞＋金银木＋柳树	0.89	0.88	0.82	0.97	1.25	1.21
国槐＋大叶黄杨＋铺地柏	0.94	1.00	0.88	1.00	1.35	1.39
油松＋国槐＋银杏	1.01	1.06	0.90	1.04	1.26	1.50
国槐＋柳树	1.07	1.09	0.94	1.05	1.36	1.50
银杏＋柳树	1.12	1.12	1.01	1.03	1.38	1.53
紫叶碧桃＋国槐	1.35	1.16	1.01	1.05	1.53	1.62
金银木＋铺地柏	1.72	1.47	0.97	1.10	1.74	2.17
悬铃木＋大叶黄杨＋银杏	2.03	1.51	1.11	1.12	2.00	2.52
国槐＋悬铃木	2.08	1.56	1.18	1.19	2.16	2.74
柳树纯林	2.34	1.70	1.16	1.12	2.41	2.81
栾树＋悬铃木	2.35	1.87	1.18	1.16	2.53	2.99
国槐纯林	2.06	1.83	1.16	1.16	2.63	2.97
苹果＋油松＋铺地柏	2.16	1.85	1.20	1.21	2.22	2.89
太平花＋油松＋黄栌	1.90	1.83	1.16	1.21	2.51	2.78
栾树纯林	2.26	1.83	1.17	1.28	2.56	3.32
悬铃木纯林	2.78	1.89	1.20	1.32	2.70	3.29

植物配置模式	5 月	6 月	7 月	8 月	9 月	10 月
五角枫纯林	2.63	2.08	1.15	1.34	2.82	3.26
银杏纯林	2.68	2.23	1.26	1.36	2.95	3.17
柳树 + 油松	2.86	2.19	1.24	1.38	2.84	3.28
油松 + 国槐	3.06	2.27	1.27	1.41	3.03	3.53
悬铃木 + 油松	3.21	2.23	1.28	1.48	3.26	3.45
侧柏 + 五角枫	3.24	2.33	1.31	1.48	2.80	3.54
白皮松 + 侧柏	3.29	2.50	1.35	1.50	3.15	3.47
侧柏纯林	3.37	2.68	1.31	1.57	3.18	3.64
白皮松纯林	3.32	2.69	1.38	1.57	3.11	3.74
油松纯林	3.36	2.67	1.40	1.58	3.25	3.51

2.5.2 不同植物配置模式下 SO₂ 浓度差异

对各植物配置模式下 SO₂ 浓度进行单因素方差分析（表 2-11），各植物配置模式下 SO₂ 浓度差异明显（α =0.05，F=3.30，P=0.000 < 0.05），所以用聚类分析法对各植物配置模式下的 SO₂ 浓度进行分类，共划分为极高、高、中等、低和极低 5 个等级（图 2-13）。金叶女贞 + 金银木 + 柳树、国槐 + 大叶黄杨 + 铺地柏、油松 + 国槐 + 银杏、国槐 + 柳树、银杏 + 柳树、紫叶碧桃 + 国槐 SO₂ 浓度极低，SO₂ 浓度月均值分别为 1.00、1.09、1.13、1.17、1.20、1.29 μg/m³，金银木 + 铺地柏 SO₂ 浓度低（1.53 μg/m³），悬铃木 + 大叶黄杨 + 银杏、国槐 + 悬铃木、柳树纯林、国槐纯林、栾树 + 悬铃木、苹果 + 油松 + 铺地柏、太平花 + 油松 + 黄栌和栾树纯林 SO₂ 浓度处于中等水平，油松 + 国槐、悬铃木 + 油松、侧柏 + 五角枫、白皮松 + 侧柏、侧柏纯林、白皮松纯林和油松纯林 SO₂ 浓度极高，其浓度月均值分别为 2.43、2.48、2.45、2.54、2.63、2.64、2.63 μg/m³；金叶女贞 + 金银木 + 柳树 SO₂ 浓度最低，比 SO₂ 浓度最高值的白皮松纯林低 62.12%，较低 SO₂ 浓度的金银木 + 铺地柏比白皮松纯林则低 42.05%。

表 2–11　26 种不同植物配置模式下 SO_2 浓度单因素方差分析

项目	df	F	P
组间	25	3.30	0.000
组内	130		
总数	155		

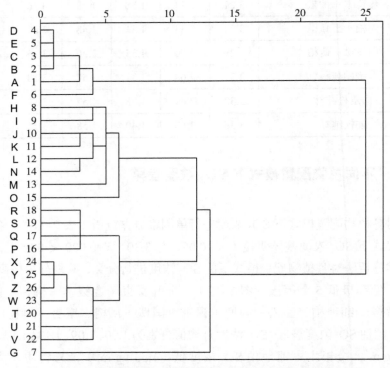

图 2–13　26 种植物配置模式下 SO_2 浓度等级划分系统聚类

　　由以上分析可知，各植物配置模式对 SO_2 浓度会产生不同影响，即各植物配置模式对 SO_2 的净化和调控作用不同，因本研究各植物配置模式均位于大兴南海子公园，SO_2 环境背景浓度相同，可由 SO_2 浓度的高低来推断各植物配置模式净化 SO_2 能力的强弱。由上可知，乔灌混交林和阔叶混交林对 SO_2 的净化作用极强，如金叶女贞＋金银木＋柳树、国槐＋大叶黄杨＋铺地柏、国槐＋柳树、银杏＋柳树；阔叶纯林（柳树、国槐和栾树）对 SO_2

的净化功能较强；白皮松＋侧柏、侧柏纯林和油松纯林等针叶混交林和针林纯林吸收、转化和抵抗 SO₂ 的能力极弱；针阔混交林净化 SO₂ 功能也较弱。各植物配置模式对 SO₂ 的净化功能受生长季不同月份的影响，总体上具有一定的规律性：不同月份阔叶纯林及阔叶混交林 SO₂ 的净化作用差异显著，针叶纯林及针叶混交林的吸收调控功能变化较小，针阔及乔灌混交林无明显规律性。从不同植物配置模式下 SO₂ 浓度月变化来看，栾树纯林、国槐纯林、太平花＋油松＋黄栌、国槐＋悬铃木、栾树＋悬铃木、五角枫纯林 SO₂ 浓度在 5—10 月波动范围依次为 2.26~3.32 μg/m³、2.06~2.97 μg/m³、1.90~2.78 μg/m³、2.08~2.74 μg/m³、2.35~2.99 μg/m³、2.63~3.26 μg/m³，SO₂ 浓度差异明显，差值均大于 0.6 μg/m³。栾树纯林差值极高，为 1.06 μg/m³，国槐纯林次之（0.91 μg/m³）。白皮松＋侧柏、侧柏纯林、油松纯林和五角枫＋侧柏在生长季 SO₂ 浓度波动幅度小（＜ 0.30 μg/m³），变化范围分别是 3.29~3.47 μg/m³、3.37~3.64 μg/m³、3.36~3.51 μg/m³、3.24~3.54 μg/m³。油松纯林差值最小，为 0.15 μg/m³，白皮松＋侧柏次之（0.18 μg/m³）。

2.5.3　城市绿化植物配置模式选择建议

在城市绿化建设过程中，尤其是以工业、制造业生产和电力行业为主的重工业城市，SO₂ 是引起城市大气污染的主要气体，在选择绿化树种并对其进行优化组合和配置时，应优先采取对 SO₂ 净化功能极强的乔灌混交模式，其后是阔叶混交和针阔混交模式。同时，考虑到针叶及其 SO₂ 净化作用随生长季发生的变化较小，也应适当选择 SO₂ 净化作用虽弱，但整体较为稳定的针叶混交模式，使得城市绿化在时空规模上充分发挥生态作用。以 SO₂ 净化功能为标准，对北京市植物配置模式的初步建议如表 2–12 所示。

表 2–12　不同植物配置模式下的 SO₂ 净化能力

SO₂ 净化能力	植物配置模式
极强	金叶女贞＋金银木＋柳树、国槐＋大叶黄杨＋铺地柏、油松＋国槐＋银杏、国槐＋柳树、银杏＋柳树、紫叶碧桃＋国槐
强	金银木＋铺地柏

SO$_2$净化能力	植物配置模式
中等	悬林木＋大叶黄杨＋银杏、国槐＋悬林木、柳树、国槐、栾树、栾树＋悬林木、苹果＋油松＋铺地柏、太平花＋油松＋黄栌
弱	悬林木、五角枫、银杏、油松＋柳树
极弱	油松＋国槐、悬林木＋油松、侧柏＋五角枫、白皮松＋侧柏、侧柏纯林、白皮松纯林、油松纯林

　　根据北京市植物配置模式初步建议，注重季相变化，突出夏秋、兼顾春冬，多应用北京市平原造林树种，以及体现野趣性和具有较好观赏性的树种，并结合复层结构、成片的不同植被穿插交错、各树种不规则块状混交以形成远观效果和林缘设计丰富以具有景观效果的空间设计原则，进一步对所筛选的植物配置模式的各项参数进行分析，提出一套完整的城市森林净化 SO$_2$ 配置模式，该套配置模式的各项参数和配置示意分别如表 2–13 和图 2–14 所示，可为设计城市公园内合理的植物配置模式提供参考。

表 2–13　城市森林净化 SO$_2$ 配置模式参数

参数	内容				
单元规模	25 m × 30 m				
树种组成	骨干树种 5 种以上，针阔比为 1：4，以平原造林树种为主，比例为 95% 以上				
典型树种	柳树、国槐、紫叶碧桃、栾树、油松、大叶黄杨、铺地柏、金叶女贞				
乔木规格	胸径为 20~30 cm，冠幅为 3.5~5.5 m				
垂直结构	乔灌草复层结构				
群落植物配置方式	混交方法	郁闭度	疏透度	种植密度	行株距
	自然式群团状栽植为主	0.76	0.2	乔木树种 25~35 棵 / 亩；灌木树种 15~20 棵 / 亩	乔木树种 4~5 m

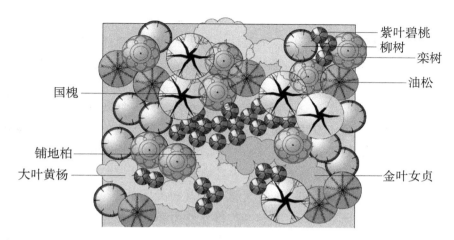

紫叶碧桃
柳树
栾树
油松
国槐
铺地柏
大叶黄杨
金叶女贞

注：比例尺为 1 : 300。

图 2-14　城市森林净化 SO₂ 配置模式示意

2.5.4　讨论

　　本研究对 5 对植被区和非植被区 SO₂ 浓度及 4 组林内外 SO₂ 浓度进行了对比分析，发现植被区 SO₂ 浓度基本低于非植被区，城市森林内 SO₂ 浓度低于林外。Chen 等发现，5 对对照点 PM2.5 浓度均为植被区（67.00 $\mu g/m^3$）＜非植被区（78.02 $\mu g/m^3$），植被区大气环境优于非植被区，和本研究结果一致。Dwyer 等对城市森林生态功能进行定量调查与分析发现，1 hm^2 森林一年可吸取、固定大气中的 SO₂、NO 和 CO₂ 分别约为 74、0.38、2 t，滞尘量 7 t 左右。肖玉评价了北京城市森林生态价值量，得出城市森林一年持留净化 SO₂、NO_x、F 的量分别约为 7.04×10^4、3362.85、1916.44 t，滞尘量约184.04 t，负离子释放量约 27 750 万个，植物杀菌素约 4829.76 t。以上结果均证实了城市森林对 SO₂ 的净化能力。城市森林对 SO₂ 的净化作用主要包括表面吸附和体内吸收积累两种方式，体内吸收积累是最主要和有效的途径（陈伟光 等，2017）。本研究对位于 SO₂ 污染程度不同的 3 个区域（西北部、城六区和东南部）的城市森林 SO₂ 浓度进行对比分析，得出城市森林 SO₂ 浓度变化与区域 SO₂ 浓度变化并不一致，在一定程度上说明了城市森林对 SO₂ 的净化和调节能力。李晓阁认为，森林有吸收和储藏硫的能力，因此，植被对 SO₂ 循环具有一定的调节作用。王玲、王荣新等和蒋燕等都指出，城市森

林对 SO_2 有一定的净化功能，与本研究结果一致。

分别位于大兴区、朝阳区、海淀区和延庆区的城市森林 SO_2 净化能力存在差异，大兴南海子公园 SO_2 净化能力最强，延庆松山自然保护区最弱。不同植物配置模式下 SO_2 浓度也存在显著差异，各植物配置模式对 SO_2 的净化能力强弱顺序为乔灌混交林和阔叶混交林＞阔叶纯林＞针阔混交林＞针叶混交林和针林纯林。城市森林 SO_2 净化作用随树种、季节变化显著，部分森林树种及其配置模式对 SO_2 净化作用日变化、月变化也较为明显，可见植物对 SO_2 的净化能力主要受植物本身及外界环境因子影响。宋彬等和王荣新等的研究都指出，在一定的污染条件下，同一森林树种的吸硫量与所处地区 SO_2 浓度呈正相关。本研究指出，森林 SO_2 净化能力春秋季较强，冬夏季较弱。夏季较春秋季空气质量好，大气中 SO_2 含量低，植物 SO_2 转化、同化、降解和持留等净化能力随之降低，致使夏季森林的净化功能弱于春秋季；冬季植物叶片凋零，叶片净化大气作用基本消失，又因冬季 SO_2 污染最严重，SO_2 浓度可能已超过森林树种净化 SO_2 的阈值，叶片气孔受此影响而关闭，从而干扰森林吸硫的正常过程，导致冬季森林净化 SO_2 能力较弱，春秋季 SO_2 净化能力最强。蒋高明发现，油松体内含硫量在 11 月最高，生长初期较高，生长旺盛期（6 月）最低。大量研究也证明，植物体内含硫量在春秋季最高（王玲，2015；蒋高明，1995；杨雪梅，2004；薛皎亮 等，2001）。

胡耀兴等指出，广州市阔叶林、针叶林等不同林分类型硫吸收量为 365.78~36.836 kg/（$hm^2 \cdot a$），不同树种的 SO_2 净化能力存在差异。宋彬等发现，叶片含硫量不仅与树种有关，环境的污染程度对其也有重要影响，但树木本身的遗传性状起主导作用。相关研究证明，植物的叶片结构形态、叶表面分泌物、树形和生长阶段等生物学、生态学特性直接影响叶片对 SO_2、颗粒物和重金属的吸收净化功能，树种间净化 SO_2 功能差别明显（蒋高明，1995；刘璐 等，2013）。Tallis 等也认为，森林所处的生长环境和地区气象条件等会显著影响当地大气污染物的组成成分，从而成为影响净化效果的重要因素。当大气中 SO_2 污染较为严重时，SO_2 抗性低的植物易超过其净化阈值，生长会受到严重伤害，甚至死亡（王玲，2015；刘立民 等，2000）。张维平等、罗红艳等、王荣新等对北方地区的树种 SO_2 净化能力进行研究，都表明各树种净化能力强弱顺序为阔叶树种＞常绿阔叶树种＞针阔混交林＞针叶树种。主要是由于：①阔叶树干高大，树枝多，树枝和树冠伸展面积大，且其叶面积和叶量远高于灌木和针叶，和气体污染物接触面积极大，易于树木各器官全方位吸收 SO_2。②针叶树种叶片表面积极小，气孔含量也较少，易于被自身分泌物（油脂）阻塞，阻碍 SO_2 的持留和吸滞；相关研究发现，针叶树种对环境变化较为敏感，其对环境污染的抗性较低（宋彬 等，2015；罗红艳 等，2000；Silberstein et al.，1996）。③各树种的叶面形态、生理生化特征等也对 SO_2 净化功能影响明显（罗红艳 等，2000）。灌木树种生长高度低于阔叶树种，其只能吸收到树干顶端及以下的污染物，SO_2 吸收量相对较少（聂蕾 等，2015）。

森林的生物多样性越高，其吸滞气态污染物的能力越强，因此，植物配置模式在森林净化污染物过程中占据重要作用（Manes F et al.，2016）。本研究指出，乔灌混交林和阔叶混交林 SO_2 净化能力高于阔叶纯林和针叶纯林。但部分针阔混交林 SO_2 净化功能弱于阔叶纯林，可能是部分植物配置模式 SO_2 净化能力差异太大所致。城市森林系统的乔、灌、草等通过相互组合构成统一整体，形成不同的植物配置模式，植物配置模式中树种间盖度、郁闭度、高度和种植密度等相互组合，各树种间相互协调，使得植物配置模式下各树种及整体的净化功能得到更大发挥（Tallis et al.，2011；罗曼，2013）。在典型的降水、大风、高温和高湿天气下，林内外 SO_2 浓度产生明显变化，气象因子通过影响环境 SO_2 浓度，对森林植物的吸收净化作用产生间接影响，典型天气下林内 SO_2 浓度仍然低于林外，在一定程度上表明了森林树种的 SO_2 净化能力。气象因子也会直接影响树种对 SO_2 的吸收净化能力。SO_2 溶解度与温度、相对湿度和光照相关，主要是树种叶片的气孔活动受到影响，寒冷天气和低光照都会导致树木气孔关闭，限制树种吸收 SO_2，SO_2 净化功能减弱（Desanto et al.，2010）。森林蒸腾作用降低了林内温度，空气湿度升高，森林本身增加了地表粗糙度，使得风速降低，方向改变；又因内部环境较林外封闭，受外界环境影响相对较小（蒋燕 等，2017），使得城市森林内 SO_2 浓度受降水量、风速和温湿度等气象因素的影响小于林外，证实了森林对 SO_2 的调控能力。

2.5.5　小结

城市森林对 SO_2 的净化功能主要受树种和环境因子影响。城市森林年均 SO_2 净化比重为大兴南海子公园（64.21%）> 朝阳公园（58.51%）> 北京植物园（林内）（55.53%）＞松山自然保护区（48.63%），大兴南海子公园净化 SO_2 功能最强，朝阳公园和北京植物园（林内）调控和吸收 SO_2 能力次之，松山自然保护区最弱，且与大兴南海子公园差异显著（α=0.05，P=0.002 ＜ 0.01）。森林净化能力在春秋季较强，冬夏季则较弱。各植物配置模式下 SO_2 浓度差异明显（α=0.05，F=3.30，P=0.000 ＜ 0.05），不同月份阔叶纯林及阔叶混交林 SO_2 的净化作用差异显著；针叶林及针叶混交林的吸收调控功能变化较小；针阔及乔灌混交林无明显规律性。若要充分发挥城市森林净化 SO_2 功能，应首先选择乔灌、阔叶混交林的配置模式，其次是阔叶纯林，最后考虑针叶树种及与其混交的配置模式。

北京市森林净化 NO$_x$ 时空动态研究

3.1 北京市 NO$_2$ 浓度时空分布特征

3.1.1 北京市 NO$_2$ 浓度季节分布特征

对北京市环境保护监测中心 35 个环境监测点于 2013—2017 年监测得到的全部有效 NO$_2$ 浓度数据进行统计可知，NO$_2$ 浓度整体呈下降趋势，表现为：2014 年 $[$（55.59±21.13）μg/m^3$]$ ＞ 2013 年 $[$（52.2±19.76）μg/m^3$]$ ＞ 2015 年 $[$（48.82±20.63）μg/m^3$]$ ＞ 2016 年 $[$（47.81±19.94）μg/m^3$]$ ＞ 2017 年 $[$（44.83±16.68）μg/m^3$]$，其中，NO$_2$ 浓度最低年份（2017 年）比最高年份（2014 年）降低了 19.35%，但仍超标约 0.12 倍（国家环境空气质量一级标准：NO$_2$ 年平均浓度限值 40 μg/m^3），大气中 NO$_2$ 污染逐年减弱，从 2015 年开始污染显著降低。

由图 3–1 可知，北京市 NO$_2$ 浓度季节变化各年均表现出较为一致的规律，即冬高夏低，春秋介于冬夏之间，其中 2013 年、2014 年、2016 年为秋季＞春季，而 2015 年和 2017 年则表现为春季＞秋季。5 年间 NO$_2$ 平均浓度在冬季达到最高值，为 57.66 μg/m^3，春秋两季均值次之，且较为相近，分别为 50.64、51.53 μg/m^3，而在夏季达到最低值，为 38.71 μg/m^3。由此可见，北京市 NO$_x$ 冬季污染水平最为严重，而夏季整体污染水平较低，基本能够达到优良水平（低于国家环境空气质量一级标准 NO$_x$ 年平均浓度限值

50 μg/m³、NO₂ 年平均浓度限值 40 μg/m³）。夏季作为北京雨季，频繁的降水会加速 NO$_x$ 的转化及清除，使夏季 NO$_x$ 浓度均值显著降低。由于城市 NO$_x$ 主要来源为汽车尾气排放、工厂废气排放及采暖季煤燃烧（彭镇华，2014；王丽琼，2017），因此，北京的冬季作为采暖季，与其他季节相比多了一项气体污染物 NO$_x$ 排放源，致使冬季 NO$_x$ 浓度最高，且冬季大气条件较为稳定，有利于气体污染物 NO$_x$ 在近地面的积累。而春秋两季大气条件较为静稳且没有额外的 NO$_x$ 排放源，因此，春秋两季的 NO$_x$ 浓度居中且较为相近。故北京市 NO$_x$ 浓度季节变化规律为冬季最高，春秋次之，夏季最低。

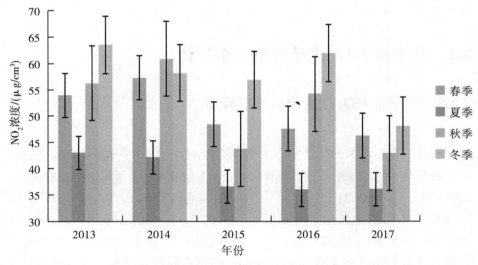

图 3-1　北京市 2013—2017 年 NO₂ 浓度季节变化

3.1.2　北京市 NO₂ 浓度月变化特征

由图 3-2 可知，北京市 2013—2017 年 NO₂ 浓度月变化呈现较为一致的规律，即呈 U 型分布，1—7 月呈下降趋势，并于 7 月、8 月到达谷值，随后 8—12 月浓度上升且上升速度快于 1—7 月浓度下降速度。主要是由于 1 月开始气温逐渐回暖，采暖季也随之结束，NO$_x$ 排放源减少是其浓度降低的重要因素。此外，落叶植被在春季逐渐开始抽枝发芽，且春季风速增大，不利于 NO$_x$ 的积累，使其浓度持续下降。夏季的雨水对污染物具有冲刷作用，而且夏季温度高，空气对流作用较强，不利于气体污染物在近地面的积累，故而 NO$_2$ 浓度在 7 月、8 月达到最低值，2013—2017 年 NO$_2$ 浓度月均最低值分别为 39.07、40.17、32.85、34.18、32.00 μg/m^3，其中 2015—2017 年最低浓度保持在较为良好且稳定的范围。7 月后直至 12 月，气温逐渐降低，植被叶片逐渐凋零进入休眠期，并且采暖季随之而来，虽冬季风速较大，其对 NO$_x$ 的驱除作用较大，但并不能抵消采暖季燃煤污染源排放的 NO$_x$，故而浓度持续升高。2013—2017 年 NO$_2$ 浓度月均最高值均出现在冬季的 12 月或次年 1 月，分别为 66.17、66.30、81.56、72.12、49.59 μg/m^3，其中 2017 年月均最高值显著降低。

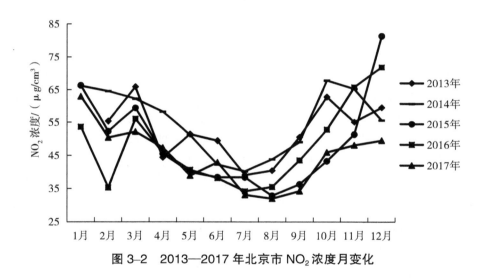

图 3-2　2013—2017 年北京市 NO$_2$ 浓度月变化

3.1.3　北京市 NO$_2$ 浓度空间分布特征

对 2013—2017 年北京市 NO$_2$ 浓度空间分布进行分析可知，5 年变化趋势基本一致：城六区 [（59.26 ± 4.88）μg/m^3] > 西南部 [（50.04 ± 3.53）μg/m^3] > 东南部 [（47.22 ± 7.35）μg/m^3] > 西北部 [（36.54 ± 2.33）μg/m^3] > 东北部 [（31.22 ± 3.44）μg/m^3]，即城中心区域与南部区域 NO$_2$ 浓度较高，主要由于城中心区域交通发达，车流量大，汽车尾气排放量

大，南部区域工厂较多，工业排放量较高，因而北京的城中心区域与南部区域污染较为严重。此外，每年的最低浓度均出现在京东北密云水库，2013—2017 年 NO_2 年均浓度分别为 13.81、13.68、16.20、10.25、15.47 $\mu g/m^3$；最高值均出现在城六区的南三环西路，分别为 85.90、107.16、89.58、77.46、79.26 $\mu g/m^3$。对各区域 NO_2 浓度进行单因素方差分析，得出各区域间 NO_2 浓度差异性显著（α =0.05，F=4.92，P=0.005 < 0.05）。

3.1.4　讨论

3.1.4.1　北京市 NO_2 浓度时间变化特征

2013—2017 年，北京市环境空气质量逐年优化，NO_x 浓度在这 5 年间也基本呈下降趋势，这与近年来北京市政府为治理气体污染物而制定并大力执行的相关空气质量监督控制措施及节能减排方案有着密不可分的关系，2017 年北京全市环境质量级别为二级良水平，全市空气质量达标天数为 226 天，比 2013 年增加 50 天（北京市环境状况公报，2013—2017）。在对我国大气污染源进行调查时发现，气体污染物主要来自工业排放，电力及生活活动次之（李景鑫 等，2017）。在城市大气污染中，煤燃烧及移动源是主导因素（Wang et al.，2005；Diner et al.，1998），故而工厂排放废气、燃煤（包括生活燃煤与含煤能源的燃烧）及机动车尾气排放是气体污染物 NO_2 和 SO_2 的主要污染源。又由于城市中 NO_x 来源以人为排放为主，机动车尾气是城市 NO_x 的主要污染源（彭镇华，2014）。近年来，党中央、国务院高度重视生态文明建设，先后出台了一系列重大决策部署，推动生态文明建设取得了重大进展和积极成效。2013 年《大气污染防治行动计划》出台，全国范围内积极响应，北京市也制订并大力执行《北京市 2013—2017 年清洁行动计划》，并于 2017 年完美收官。主要治理措施有区域联防联控、工业和建筑业集中整治、能源的治理及调控等，此外，积极投入城市森林的建设。这一系列措施均有效提升了北京市的环境空气质量（刘辉 等，2011），其中 NO_x 浓度在这 5 年显著降低（约 19%）。

5 年内，北京市 NO_2 浓度的时间变化规律一致，且与 PM2.5 的时间变化趋势较为吻合，即夏低冬高，春秋介于冬夏之间，且北京市的环境空气质量表现为夏季优于冬季（李景鑫 等，2017），与沈毅等（2009）、胡正华等（2012）对南京郊区 NO$_x$ 浓度时间变化规律的研究结论基本一致。此外，本研究指出，NO$_2$ 浓度月变化呈 U 型分布，1—7 月呈下降趋势，并于 7 月、8 月到达谷值，随后 8—12 月浓度上升，这与刘洁等（2008）对北京城郊 NO$_x$ 浓度对比分析得出的结论一致。主要由于冬季取暖季来临，大量燃煤会导致空气中 NO$_x$ 浓度显著提升；而且冬季气候干燥寒冷，大气条件稳定，不利于 NO$_x$ 的扩散，逆温、雾霾等天气时有发生，增大了 NO$_x$ 在近地面的积累量（Huang et al.，2012；蒋燕 等，2017；鲁绍伟 等，2017）。而夏季温度较高，有利于大气垂直气流的运动，为气体污染物扩散提供了有利条件（蒋燕 等，2017），夏季为北京的雨季，降水频繁发生，且 NO$_x$ 易溶于水，故而夏季 NO$_x$ 浓度偏低。春秋季节 NO$_x$ 浓度介于夏冬之间，主要是由于两季降水量较少，温度较夏季降低，不利于污染物的扩散；春秋两季有清明节、劳动节、国庆节等假期，北京作为旅游胜地，节假日出行人数显著增加，交通排放量也随之增大，故而 NO$_x$ 浓度升高。此外，由于植被在春秋两季对气体污染物的净化作用比冬季强（Huang et al.，2012；鲁绍伟 等，2017），因此，春秋两季 NO$_x$ 浓度低于冬季。

3.1.4.2　北京市 NO$_2$ 浓度空间变化差异显著

2013—2017 年北京市 NO$_x$ 浓度空间分布特征表现为城六区 > 西南部 > 东南部 > 西北部 > 东北部，中心城区和南部地区污染最为严重，刘俊秀等（2016）通过 ArcGIS 用反距离空间插值模型对北京市主要大气污染物 CO、NO$_2$、PM2.5、O$_3$ 等进行空间分布特征研究，发现除 O$_3$ 以外，NO$_2$ 等其他大气污染物均呈南部、中部浓度高，而北部浓度较低的特征分布，与本研究结论一致。由于北京的地貌特点，北部多山区，植被覆盖率高，对大气污染物具有较强的拉动及吸附作用，植被还能够增大地表粗糙度，增加空气相对湿度，降低风速（Chen et al.，2016），可以有效阻挡林外的气体污染物进入林内，并促进气态污染物向颗粒状转化及干湿沉降，进而降低 NO$_x$ 等污染物的浓度。此外，北部地区人类活动少，污染源相对较少，因此，北部 NO$_x$ 浓度最低（陈波 等，2016；赵晨曦 等，2014）。城六区为北京的中心区域，高楼迭起，地表硬质铺装较多，区域绿化面积相对较小，而植被覆盖率低导致植物发挥净化 NO$_x$ 的作用有限（Poce et al.，2013），而且该区域人流量最大，交通源最多，又因机动车排放是城市 NO_x 的主要来源，故该区域 NO_x 浓度最高。南部属于北京的工业开发区，集聚了北京市的大部分工厂，工业排放量大，建筑、交通等活动量也在较高水平，这导致南部地区大气中的废气物、粉尘、煤烟等污染物质的含量明显增加（程念亮 等，2015；刘俊秀 等，2016）。此外，北京东、西、北三面环山，仅南部为平原，且靠近周边保定、石家庄等重工业城市，极易受外来大气污染物的区域传输作用影响（Streets et al.，2007），故而南部地区污染较为严重，NO_x 浓度较高。

3.1.5 小结

2013—2017 年北京市 NO_2 浓度整体呈下降趋势：2014 年 > 2013 年 > 2015 年 > 2016 年 > 2017 年，但仍超标约 0.12 倍。北京市 NO_2 浓度季节变化为冬季最高，春秋次之，夏季最低。月变化呈 U 型分布，并于 7 月、8 月到达谷值。对北京市 NO_2 浓度空间分布进行分析得出：城六区 > 西南部 > 东南部 > 西北部 > 东北部，即城中心区域与南部区域 NO_2 污染较为严重，且各区域间 NO_2 浓度差异显著（α=0.05，P < 0.05）。

3.2 城市森林内外 NO_2 浓度变化特征

3.2.1 植被区与非植被区 NO_2 浓度变化特征

3.2.1.1 植被区与非植被区 NO_2 浓度年变化特征对比

从空间分布上看，北京市 NO_2 浓度以东南部区域污染最为严重，为减少受人为因素干扰而致使 NO_2 浓度区域背景值过高的影响，本研究选择北京的西北部、城六区及东北部为对照地。由图 3-3 可知，2013—2017 年北京市植被区与非植被区 NO_2 浓度大致呈降低趋势，除京西北八达岭与延庆镇这一对对照点 NO_2 浓度 5 年年均值为植被区 [（46.49±5.66）$\mu g/m^3$] > 非植被区 [（33.87±1.45）$\mu g/m^3$] 外，其他 4 对对照点 NO_2 浓度 5 年年均值均呈植被

区 [（29.59 ± 10.99）μg/m³] < 非植被区 [（49.44 ± 12.51）μg/m³]，具体为：京东北密云水库 [（13.88 ± 2.05）μg/m³] < 密云镇 [（35.79 ± 5.01）μg/m³]、昌平定陵 [（26.87 ± 1.78）μg/m³] < 昌平镇 [（43.93 ± 2.28）μg/m³]、海淀北京植物园 [（36.44 ± 4.65）μg/m³] < 海淀万柳 [（64.11 ± 9.16）μg/m³]、门头沟龙泉镇 [（41.16 ± 4.36）μg/m³] < 石景山古城 [（54.92 ± 6.13）μg/m³]，4 对对照点植被区 NO$_2$ 浓度分别比非植被区低 61.21%、37.41%、43.17%、25.05%。其中，京东北密云水库和密云镇差值最大，门头沟龙泉镇和石景山古城差值最小。该规律初步印证了城市森林对 NO$_2$ 具有一定的降解和吸收能力（Liang et al.，2010；Nowak et al.，2013）这一观点，将在下文进行进一步探究。

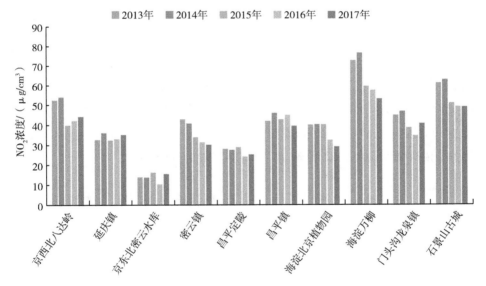

图 3-3 植被区与非植被区 NO$_2$ 浓度年际变化

2013—2017 年，5 个植被区监测点 NO$_2$ 浓度年均值分别为 35.83、36.50、32.77、28.78、30.96 μg/m³，而非植被区监测点 NO$_2$ 浓度年均值分别为 50.34、52.53、44.00、43.30、41.45 μg/m³，非植被区比植被区分别高 40.48%、43.93%、34.27%、50.46%、33.87%。2017 年与 2013 年相比，NO$_2$ 浓度降幅表现为植被区（13.60%）< 非植被区（17.67%），由此可推断，区域环境因素对非植被区的影响更大，可能与城市森林对气体污染物 NO$_2$ 具有

一定的缓冲作用有关。

由上述分析可知，植被区 NO_2 浓度及其降幅均低于非植被区，主要是由于非植被区监测点分布于城市生活区附近，该区域 NO_2 浓度受诸多人为因素的干扰，如居民的日常生活排放、汽车尾气排放、工业排放等，极大地增加了 NO_x 浓度。而地处城郊地带的植被区监测点的人流量、车流量、工厂数量大大减少，排放源较少，且植被区植被覆盖率高，使城市森林对气体污染物的净化调控功能得以发挥，使 NO_x 浓度在植被区保持在相对较低的范围内。

3.2.1.2　植被区与非植被区 NO_2 浓度年际月变化特征对比

由图 3-4 可知，选取的 5 对对照点在 2013—2017 年 NO_2 浓度年际月变化均大致呈 U 型趋势，与北京市 5 年期间的 NO_2 浓度月变化趋势大致相符，NO_2 浓度均表现为夏季低，冬季高。2013—2017 年植被区夏季 NO_2 浓度均值依次为 27.88、24.44、23.59、19.60、25.18 $\mu g/m^3$，冬季为 46.20、36.39、35.97、40.95、33.09 $\mu g/m^3$，夏季比冬季依次低 39.65%、32.85%、34.42%、52.13%、23.89%。非植被区夏季 NO_2 浓度均值依次为 37.85、35.92、30.28、32.24、35.12 $\mu g/m^3$，冬季为 64.45、53.25、51.59、56.77、41.10 $\mu g/m^3$，夏季比冬季依次低 41.26%、32.55%、41.30%、43.21%、14.55%。

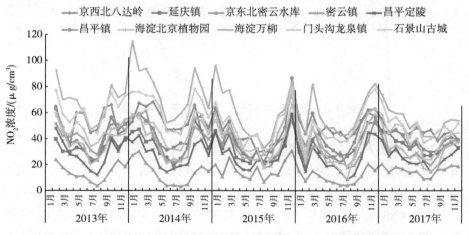

图 3-4　2013—2017 年植被区与非植被区 NO_2 浓度年际月变化

由上述分析可知，2013 年和 2015 年植被区夏冬两季差异小于非植被区，2014 年两季差异性相似，2016 年和 2017 年植被区两季差异大于非植被区，推断可能是由于植被生长变化引起的。2017 年植被区和非植被区夏季和冬季 NO$_2$ 浓度差值大幅缩小，可见国家近年来大力治理气体污染物相关政策的执行初见成效。由于温带落叶阔叶林为北京地区地带性植被，因此，植物在夏季到达生长旺盛期，这时植被能够充分发挥其净化气体污染物 NO$_x$ 的作用，而冬季植被叶片凋落，净化 NO$_x$ 的能力大大降低，故而夏季植物吸滞 NO$_x$ 的能力远强于冬季（潘文 等，2012；孙淑萍，2011）。此外，北京冬季进入采暖季，因燃煤等向空气中排放大量气体污染物（包括 NO$_x$、SO$_2$、CO 等），使大气中 NO$_x$ 浓度急剧上升，也会导致植被区与非植被区 NO$_x$ 浓度在夏冬两季差异较大。

3.2.1.3　植被区与非植被区 NO$_2$ 浓度空间变化特征对比

由表 3–1 可知，植被区 NO$_2$ 浓度年均值从低到高依次为京东北密云水库（13.88 μg/m^3）＜昌平定陵（26.87 μg/m^3）＜海淀北京植物园（36.44 μg/m^3）＜门头沟龙泉镇（41.16 μg/m^3）＜京西北八达岭（46.49 μg/m^3）；非植被区 NO$_2$ 浓度年均值从低到高依次为延庆镇（33.87 μg/m^3）＜密云镇（35.79 μg/m^3）＜昌平镇（42.93 μg/m^3）＜石景山古城（54.92 μg/m^3）＜海淀万柳（64.11 μg/m^3）；区域浓度年均值从低到高依次为密云区（24.84 μg/m^3）＜昌平区（34.90 μg/m^3）＜延庆区（40.18 μg/m^3）＜门头沟区／石景山区（48.04 μg/m^3）＜海淀区（50.28 μg/m^3）。各区分布为：密云区——东北部、延庆区和昌平区——西北部、门头沟区——西南部、海淀区及石景山区——城六区。北京市 NO$_x$ 整体浓度区域背景值表现为东北部＜西北部＜东南部＜西南部＜城六区，植被区与非植被区 NO$_x$ 浓度空间变化规律与北京市 NO$_x$ 浓度区域背景值变化规律基本吻合，主要是因为污染物浓度是决定植被对于 NO$_x$ 净化及抵抗作用阈值的一个主要因素，城市森林植被污染物吸收量与其浓度区域背景值的相关性极为显著（王玲，2015；Tallis et al.，2011）。

表 3-1　植被区与非植被区 NO_2 浓度空间分布

单位: $\mu g/m^3$

	延庆区		密云区		昌平区		海淀区		门头沟区 / 石景山区	
对照点	1	2	3	4	5	6	7	8	9	10
2013 年	52.40	32.63	13.81	42.70	28.13	41.90	39.98	72.96	44.86	61.52
2014 年	54.00	36.04	13.68	40.69	27.57	45.85	40.29	76.89	46.94	63.16
2015 年	39.85	32.42	16.20	33.92	29.04	42.67	40.15	59.74	38.62	51.27
2016 年	42.14	33.11	10.25	31.43	24.25	44.85	32.50	57.72	34.74	49.39
2017 年	44.07	35.15	15.47	30.20	25.36	39.38	29.26	53.25	40.64	49.24

注: 1 京西北八达岭, 2 延庆镇, 3 京东北密云水库, 4 密云镇, 5 昌平定陵, 6 昌平镇, 7 海淀北京植物园, 8 海淀万柳, 9 门头沟龙泉镇, 10 石景山古城。

3.2.1.4　典型污染过程对照点 NO_2 浓度特征对比

为进一步证实城市森林对 NO_x 具有净化作用, 本研究选取 2016 年 12 月 16—23 日北京市一次典型重污染全过程中植被区与非植被区的 NO_x 浓度变化进行分析, 该时段内 35 个环境监测点全部出现不同程度的污染。此外, 本部分初步分析了环境气象因子与城市森林净化 NO_x 的关系。本研究以海淀万柳—海淀北京植物园这对位于北京西部的监测点为例, 进行对比分析。

鉴于 PM2.5 为北京大气首要污染物, 其污染水平能够在一定程度上代表北京市的大气污染状况（Dai et al., 2013）。以 PM2.5 污染过程特征为依据, 将污染全过程划分为 4 个阶段, 即污染起始期（12 月 16—17 日）、污染积聚期（12 月 18—19 日）、污染加重期（12 月 20—21 日）及污染清除期（12 月 22—23 日）。12 月 16—23 日, 无降水天气, 93.75% 以上时段风速小于 1.50 m/s, 大气水平运动较为平稳。此外, 污染期间温度及相对湿度的变化差异较大, 温度变化范围为 –6~9 ℃、相对湿度变化范围为 23%~93%（图 3–5 和图 3–6）。

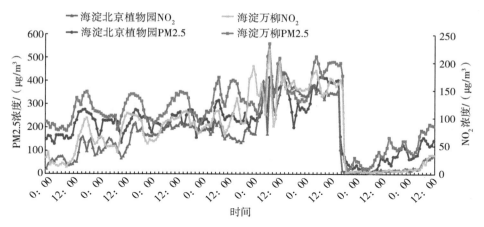

图 3-5　污染过程 NO$_2$ 和 PM2.5 浓度变化趋势

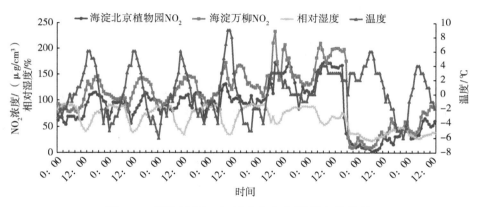

图 3-6　污染过程 NO$_2$ 浓度和气象因子变化趋势

在起始阶段（12 月 16—17 日），海淀万柳的 NO$_2$ 平均浓度为 104.71 μg/m^3，PM2.5 的浓度范围为 29~260 μg/m^3；海淀北京植物园的 NO$_2$ 平均浓度为 82.04 μg/m^3，PM2.5 的浓度范围为 22~219 μg/m^3，这两日两地的空气质量为二级良或三级轻度污染，海淀万柳出现个别四级中度污染时段。其中，16—17 日两个对照点 NO$_2$ 浓度均在 12：00—22：00 呈现较高值（海淀万柳 88~147 μg/m^3，海淀北京植物园 56~115 μg/m^3），此时段的温度在 –3~6 ℃，平均温度为 2.86 ℃，相对湿度为 39%~80%。

12 月 18—19 日为污染积聚阶段，海淀万柳的 NO$_2$ 平均浓度高达 124.58 μg/m^3，PM2.5 的浓度范围为 94~269 μg/m^3；海淀北京植物园的 NO$_2$ 平均浓度为 97.42 μg/m^3，PM2.5 的浓度范围为 68~222 μg/m^3，与污染起始

阶段相比，各污染物浓度呈现显著的上升趋势。此外，这两日两地的空气质量为四级中度或五级重度污染，空气质量急剧下降。该阶段两日的 NO_2 浓度日变化在 12：00—22：00 表现为较高浓度，海淀万柳和北京海淀植物园在该时段的 NO_2 浓度分别为 121~173 μg/m³、85~132 μg/m³，与起始阶段的 NO_2 高浓度时段相比，平均约高出 23 μg/m³，大气 NO_2 污染严重。该阶段两地相对湿度集中在 45%~80%，温度主要集中于 –2~5 ℃。对比该污染阶段两个对照点 NO_2 高浓度时段（12：00—22：00）与较低浓度时段（0：00—12：00、22：00 至次日 0：00）的温度和相对湿度变化可知，温度在较低浓度时段比高浓度时段低 2~6 ℃，平均相对湿度高约 27%。海淀万柳和海淀北京植物园两个对照点 NO_2 浓度均值在较低浓度时段比高浓度时段分别低约 45、32 μg/m³。在此次污染起始阶段和积聚阶段，分别有 68.75% 和 70.83% 时段表现为北京植物园 NO_2 浓度低于海淀万柳。

12 月 20—21 日为污染加重期，PM2.5 浓度持续上升积累并达到最大值；海淀万柳有 12.50% 时段空气质量为五级重度污染水平，87.5% 时段空气质量达六级严重污染；海淀北京植物园 43.75% 时段空气质量达五级重度污染，56.25% 时段空气质量达六级严重污染。整体来看，海淀北京植物园空气质量优于海淀万柳，海淀北京植物园 NO_2 日均浓度比海淀万柳低 25.42 μg/m³。两日在污染严重时段（12：00—22：00）温度均高于 0 ℃；相对湿度约集中在 60%；对照点 77.27% 时段 NO_2 浓度在 152~201 μg/m³。两日在 NO_2 较低浓度时段（0：00—12：00、22：00 至次日 0：00）温度低于 12：00—22：00，且在 –5~1 ℃；相对湿度高于 12：00—22：00，其中 90.38% 时段相对湿度高于 85%；约有 76.92% 时段对照点 NO_2 浓度集中在 100~149 μg/m³，明显低于 12：00—22：00 的 NO_2 浓度。在污染严重时段（12：00—22：00），海淀万柳和海淀北京植物园 NO_2 平均浓度值在污染加重期比污染积聚期分别低 41.50、55.82 μg/m³；污染积聚期温度波动幅度大于污染加重期（波动幅度为 9 ℃）；污染加重期相对湿度均值比污染积聚期高 8.14%。相对湿度的大幅升高可能是 NO_2 浓度在污染加重期降低的原因之一，由于在污染加重期雾霾已经完全形成，过高的水汽及稳定的大气条件会促进气态 NO_x 向颗粒态污染物转化，进而使得大气 NO_x 浓度下降（Chow et al., 2002）。

在污染清除阶段（12 月 22—23 日），PM2.5 及 NO_2 浓度值持续大幅下降，22 日 23：00 开始至 23 日结束，两个对照点空气质量均为一级优水平。海淀万柳、海淀北京植物园在污染清除期 PM2.5 平均浓度分别为 44.71、30.83 $\mu g/m^3$；NO_2 平均浓度分别为 40.80、29.36 $\mu g/m^3$，NO_2 浓度始终维持在较低水平。22 日 0：00—5：00 NO_2 浓度大幅下降；22 日 5：00 至 23 日 23：00 NO_2 浓度始终稳定保持在较低水平，平均温度和平均相对湿度在低浓度时段均呈现不同程度的降低，分别降低 1.26 ℃、22.22%。在污染清除阶段，两个对照点 NO_2 浓度无明显差异。

综上所述，在整个典型污染过程中，PM2.5 浓度先增大后减小，NO_2 浓度变化趋势与之一致，且在各阶段均表现为非植被区（海淀万柳）＞植被区（海淀北京植物园），两个对照点的 NO_2 浓度变化趋势也较为一致。在污染清除期，气体污染物浓度急剧下降，植被区与非植被区 NO_2 浓度相差较小（＜ 11.5 $\mu g/m^3$），证实了区域 NO_2 浓度对城市森林净化 NO_2 作用有一定影响。此外，温度和相对湿度也呈现较为明显的规律特征。在此次污染过程中没有降水，风速较为稳定，在污染的前三个阶段表现为温度越低，相对湿度越高，NO_2 浓度越低，而在污染清除阶段 NO_2 浓度与温度呈负相关，与相对湿度呈正相关。关于 NO_x 浓度与气象因素的具体关系将在 3.2.4 节展开详细分析。

3.2.2　城市森林内外 NO_2 浓度时空分布特征

由于客观原因，4 个林内监测点监测 NO_2 有效值的情况有所差异。各林内监测点建站时间稍有差距，其中朝阳公园站最晚建成，于 2016 年 7 月彻底完工，故而缺少 1—6 月的数据；因 2016 年北京山区出现一次严重的火灾，而松山自然保护区为北京市重点森林保护区，为执行市政府相关部门下达的严防森林火灾的相关政策，松山自然保护区生态站被迫断电，因此 2016 年 5 月以后该生态站处于断电状态，缺失部分数据。3.2.2.1 部分朝阳公园站仅选取 2016 年 7—12 月数据，松山自然保护区选取 2016 年 1—4 月数据，林外对照点也分别选择对应月份进行分析。由于朝阳公园和松山自然保护区数据缺失时期正好是错开的时间，故而在本小节对比分析不同污染环境下城市森林对 NO_2 净化能力的差异时，不能同时对 4 组林内外数据进行两两配对检验分析，而是分成两部分进行对比：松山自然保护区与延庆镇、西山国家森林公园与海淀北京植物园（林外）、大兴南海子公园与亦庄开发区，这 3 对临测点选取 1—4 月的林内外数据进行对比分析；西山国家森林公园与海淀北京植物园（林外）、朝阳公园与朝阳农展馆、大兴南海子公园与亦庄开发区，这 3 对监测点则选取 7—12 月的数据进行林内外净化值［（林外浓度 − 林内浓度）/ 林外浓度］的差异性分析。

3.2.2.1　城市森林内外 NO₂ 浓度特征对比

如图 3-7 所示，各对照点林内外 NO_2 浓度年变化趋势一致，均呈 U 型趋势，具体表现为夏季 < 秋季 < 春季 < 冬季，与北京市 2013—2017 年整体 NO_2 浓度及 5 对典型植被区及非植被区 NO_2 浓度年变化趋势基本吻合。林外 NO_2 浓度普遍高于林内，进一步证明了城市森林能够在一定程度上持留和去除 NO_x（张德强，2003）。

本研究所选 4 组林内外对照点 NO_2 年均浓度对比具体表现为：延庆镇［（33.11 ± 7.38）µg/m³］ > 松山自然保护区［（9.25 ± 5.16）µg/m³］（1—4 月数据），海淀北京植物园（林外）［（32.50 ± 12.85）µg/m³］ > 西山国家森林公园［（23.56 ± 12.44）µg/m³］，朝阳农展馆［（52.66 ± 13.86）µg/m³］ > 朝阳公园［（40.14 ± 16.41）µg/m³］（7—12 月数据），亦庄开发区［（72.14 ± 21.81）µg/m³］ > 大兴南海子公园［（32.22 ± 12.41）µg/m³］。此外，各对照点的林内外 NO_2 月均浓度也一致表现为林内 < 林外。

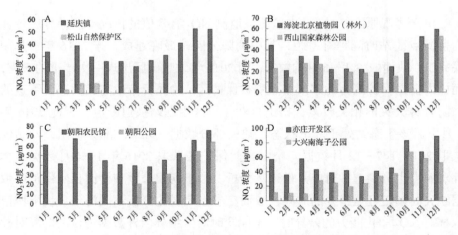

图 3-7　城市森林内外 NO₂ 浓度变化特征

对 4 组林内外对照点 NO$_2$ 浓度进行独立样本 t 检验（表 3-2 和表 3-3）发现：① 1—4 月 A 组、B 组和 D 组林内外 NO$_2$ 浓度均表现为林内显著低于林外，各区域差异性显著程度相当，都具有极强的显著性（α =0.05，Sig =0.000 < 0.05）。② 7—12 月对 A 组、B 组和 C 组林内外 NO$_2$ 浓度差值进行检验发现，A 组林内外 NO$_2$ 浓度表现为具有显著性差异；对 B 组林内外 NO$_2$ 浓度进行方差齐性检验（α =0.05，P=0.274 > 0.05），符合林内外 NO$_2$ 浓度方差齐性的假设，虽整体表现为林内浓度低于林外，但林内外浓度不具有差异性；C 组在均值差异 t 测试中 α =0.05，Sig =0.520 > 0.05，即林内外浓度无显著性差异。

由于 1—4 月是北京冬春交替的季节，属于植物的非生长季，且北京整体的空气质量水平较差，雾霾等天气时有发生，林外 NO$_2$ 浓度均处于较高水平，林内外浓度表现为具有显著差异性，证明该时间段城市森林净化的 NO$_2$ 量多；7—12 月包含了植被生长季最旺盛的时期，且空气质量整体处于相对较好的水平，林外 NO$_2$ 浓度较低，林内净化 NO$_2$ 的量相对较少，导致差异性不显著。由此可推断，不同大气环境中 NO$_2$ 浓度（背景浓度）是城市森林净化 NO$_2$ 的一个关键影响因素。

表 3-2　城市森林内外 NO$_2$ 浓度独立样本 t 检验（1—4 月）

项目	方差齐性检验		均值差异 t 检验		
	F	P	t	df	Sig
A	522.927	0.000	23.675	834.226	0.000
B	543.996	0.000	15.443	786.549	0.000
D	539.284	0.000	25.035	792.079	0.000

表 3-3　城市森林内外 NO$_2$ 浓度独立样本 t 检验（7—12 月）

项目	方差齐性检验		均值差异 t 检验		
	F	P	t	df	Sig
A	26.981	0.000	2.653	622.724	0.008
B	1.198	0.274	3.783	790.000	0.000
C	28.801	0.000	1.949	615.607	0.520

3.2.2.2 不同污染环境中城市森林 NO₂ 浓度特征

本研究中 4 个林内外对照点按照据城市中心由近到远、区域人口密度由大到小及受人类活动影响从高到低排序为：城中心区域 > 近郊区域 > 远郊区域，而本研究中 2 个位于近郊区域的对照点所处城市功能分区也有所差异，其中西山国家森林公园区域植被覆盖率较高，空气质量较好，属浅山区，而大兴南海子公园区域为城市开发区，工厂较多，工业排放源较多，故而 4 个对照点按地理位置特征可归纳为：城市中心区——朝阳公园、远郊清洁区——松山自然保护区、近郊开发区——大兴南海子公园、近郊浅山区——西山国家森林公园。由 3.2 节可知，北京市 NO₂ 浓度空间分布特征呈东北部 < 西北部 < 东南部 < 西南部 < 城六区，对应的各对照点区域浓度应表现为远郊清洁区（松山自然保护区）< 近郊开发区（大兴南海子公园）< 近郊浅山区（西山国家森林公园）< 城市中心区（朝阳公园），但由于各区间内 NO₂ 浓度分布有所差异，因此，不同污染环境中城市森林 NO₂ 浓度分布与北京市整体 NO₂ 分布特征有一定的差异。4 个对照点分别位于西北部（松山自然保护区）、东南部（大兴南海子公园）、城六区（朝阳公园、西山国家森林公园），故将朝阳公园与西山国家森林公园环境背景值做进一步细化，可知西山国家森林公园所处的海淀区环境背景浓度〔（50.90 ± 15.26）μg/m³〕低于大兴南海子公园所处的东南区环境背景浓度〔（51.42 ± 9.36）μg/m³〕，而朝阳区环境背景浓度〔（59.36 ± 10.31）μg/m³〕高于其他 3 个对照点，因此，4 个对照点 NO₂ 环境背景浓度排序应为远郊清洁区（松山自然保护区）< 近郊浅山区（西山国家森林公园）< 近郊开发区（大兴南海子公园）< 城市中心区（朝阳公园）。

由图 3-8 可知，城市森林 NO₂ 浓度在 4—6 月、11—12 月与北京市 NO₂ 浓度分布规律一致，其余时间段分布无明显规律，并与北京市 NO₂ 浓度分布情况有差异，证明城市森林对 NO₂ 具有一定的调控作用。1—3 月各对照点林内浓度大致表现为：西山国家森林公园 > 大兴南海子公园 > 松山自然保护区；7—10 月表现为大兴南海子公园 > 朝阳公园 > 西山国家森林公园。其中，10 月大兴南海子公园与西山国家森林公园差值最大（77.20 μg/m³），大兴南海子公园比朝阳公园高出 28.58 μg/m³。1—3 月 3 个对照点平均月浓度表现为松山自然保护区〔（9.25 ± 5.16）μg/m³〕< 大兴南海子公园〔（14.60 ± 7.62）μg/m³〕< 西山国家森林公园〔（22.87 ± 5.27）μg/m³〕，且林内各

对照点 NO$_2$ 浓度分布趋势与各区域 NO$_2$ 浓度分布有所差异；7—10 月 3 个对照点平均月浓度表现为西山国家森林公园［（26.70 ± 15.98）μg/m^3］< 朝阳公园［（48.64 ± 25.49）μg/m^3］< 大兴南海子公园［（49.87 ± 22.41）μg/m^3］，其中朝阳公园与南海子公园浓度差值较小（1.23 μg/m^3），可忽略不计，即 7—12 月林内各对照点 NO$_2$ 浓度分布趋势与各区域 NO$_2$ 浓度分布较为一致。

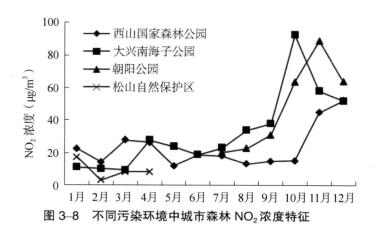

图 3-8 不同污染环境中城市森林 NO$_2$ 浓度特征

因对 1—4 月松山自然保护区、西山国家森林公园、大兴南海子公园 3 个林内对照点的 NO$_2$ 浓度进行方差齐性检验，F=183.104，P=0.000 < 0.05，故而用 Tamhane's T2 法对 3 个不同对照点 1—4 月城市森林 NO$_2$ 浓度进行多重比较分析（表 3-4），松山自然保护区林内 NO$_2$ 浓度与西山国家森林公园和大兴南海子公园、西山国家森林公园与大兴南海子公园 3 组 NO$_2$ 林内浓度均具有显著性差异（α =0.05，P=0.000 < 0.05）。对 7—12 月西山国家森林公园、朝阳公园、大兴南海子公园 3 个林内对照点的 NO$_2$ 浓度进行方差齐性检验，F=39.698，P=0.000 < 0.05，同样也用 Tamhane's T2 法对 3 个不同对照点 7—12 月城市森林 NO$_2$ 浓度进行多重比较分析（表 3-5），西山国家森林公园林内 NO$_2$ 浓度与朝阳公园和大兴南海子公园均具有显著性差异（α =0.05，P=0.000 < 0.05）；而朝阳公园和大兴南海子公园 2 个对照点林内 NO$_2$ 浓度无显著性差异（α =0.05，P=0.238 > 0.05）。

表 3–4　不同城市森林 NO_2 浓度多重比较（1—4 月）

（I）对照	（J）对照组	均差值（I–J）	显著性（P）
A	B	−10.445	0.000
	D	−6.417*	0.000
B	D	4.028*	0.000

注：* 代表均值差的显著性水平为 0.05，下同。

表 3–5　不同城市森林 NO_2 浓度多重比较（7—12 月）

（I）对照	（J）对照组	均差值（I–J）	显著性（P）
A	B	−22.618*	0.000
	C	−19.377*	0.000
B	C	3.241	0.238

　　由于不同污染环境 NO_2 浓度背景值始终具有显著性差异，而各区域植被间 NO_2 浓度也都具有显著性差异，在 3.3.1 部分已经证明了森林植被对 NO_2 具有净化作用，由此可以推断，虽然城市森林具有净化大气 NO_2 的作用，但其净化作用具有一定的阈值。对不同污染程度下各森林植被 NO_2 浓度月均值变化进行分析可知，在 1—3 月、11—12 月各区域森林 NO_2 浓度分布情况与北京市 NO_2 浓度分布规律不一致，其余月份均与北京市 NO_2 浓度分布规律一致，而重污染事件往往在 1—3 月、11—12 月发生较为频繁，由于森林的调控作用，使不同污染程度下的城市森林内 NO_2 浓度与区域 NO_2 浓度分布规律有差异，故而证明了城市森林对 NO_x 具有一定的净化作用。

3.2.3　讨论

3.2.3.1　城市森林对 NO_2 的净化作用

　　本研究发现，植被区和非植被区 NO_2 浓度分布与北京市 NO_2 浓度时空分布一致，可见区域背景浓度能够影响城市森林的净化作用。对 NO_2 浓度进行年际月变化分析，发现 2013—2017 年北京市 NO_2 浓度呈 U 型分布，黄琼中（2006）对拉萨 NO$_2$ 浓度时空分布研究的结论与本研究一致。对所选取的 5 对植被区与非植被区、4 对城市森林内外的 NO$_x$ 浓度进行比较，基本表现为植被区 < 非植被区，林内 < 林外，且在重污染过程中植被区污染物浓度基本低于非植被区。有相关学者对与本研究所选对照点一致的 5 对植被区与非植被区的 PM2.5 浓度进行分析，结果表现为非植被区（78.02 μg/m³）>植被区（67.00 μg/m³），即植被区的环境空气质量优于非植被区（Chen et al.，2016），证明植被对 NO$_x$ 等空气污染物具有一定的净化作用，与本研究结果一致。但京西北八达岭与延庆镇这对对照点呈现植被区 NO$_2$ 浓度〔（46.49 ± 5.66）μg/m³〕> 非植被区〔（33.87 ± 1.45）μg/m³〕，可能是由于北京的地形地貌所致，京西北八达岭处于北京边界且为山区，海拔较高，且北京属大陆性季风气候区，夏季盛行东南风，冬季盛行西北风，致使该位置不利于气体污染物向京西北八达岭山体两侧输送，易集聚于此，导致其浓度偏高。

Dwyer 等（1992）对城市森林生态功能进行定量研究，发现 1 hm² 的森林一年能够吸取、固定大气中 SO$_2$、NO 及 CO$_2$ 的量分别约 74、0.38、2 t，滞尘量达到 7 t，这些研究结论都证明了城市森林对空气污染物具有强大的净化作用，对改善环境空气质量具有重要意义。而城市森林对 NO$_x$ 的主要净化途径为表面吸附及体内吸收积累转化两种形式，其中最主要、有效的净化手段是对 NO$_x$ 的吸收积累转化，因植物叶片背面有很多微小的气孔，植物的呼吸作用就是通过这些气孔完成的，而正是有了这些气孔，植物才得以净化大气中的污染物（Du et al.，1999；Estrada–Luna et al.，2003；Lewis et al.，2004）。李艳芹等（2016）、聂蕾等（2015）指出，城市森林对气体污染物 NO$_x$ 具有一定的净化效果，与本研究结论一致。

对林内外 NO$_2$ 浓度进行对比发现，始终表现为林内 < 林外，其中 1—4 月 3 组林内外差异较显著，而 7—12 月林内外差异不具有显著性。分析原因主要是 1—4 月正处于北京的采暖季，环境空气中 NO$_x$ 浓度偏高，森林对其的净化量大，即森林的净化能力受环境背景值的影响。有研究指出，在一定的污染条件下，同一森林树种对污染物的吸滞量与区域污染程度呈正相关（宋彬 等，2015；王荣新 等，2017），与本研究结论一致。而 7—12 月林内外整体大气环境浓度背景值偏低，森林净化量也大幅减少，故而差异不显著。

3.2.3.2 不同污染环境下城市森林净化作用的差异性

对不同污染环境下各区域 NO_2 浓度进行多重比较可知，各区域间林内 NO_2 浓度基本都存在显著性差异，1—4 月林内各监测点 NO_2 浓度分布趋势与各区域 NO_2 浓度分布有较显著的差异，说明该阶段除环境背景浓度外，植被因素、人类生产活动排放等其他因素对森林净化能力的影响占主导作用。Tallis 等（2011）研究表明，城市森林的绿量、郁闭度及盖度等因素影响其对污染物的吸滞量，森林内林分差异也会导致净化能力的差异。陶雪琴等（2007）指出，植物能够有效地吸收空气中的 NO_x，将其转化为硝酸盐等有机物，并对其进行同化利用，不同植物同化 NO_2 的能力差异达 600 倍，其中杨柳科（*Salicaceae*）植物对 NO_2 表现出较高的同化能力。7—12 月林内各监测点 NO_2 浓度分布趋势与各区域 NO_2 浓度分布一致，该阶段环境浓度是城市森林净化 NO_2 的主要影响因素。

3.2.3.3 典型污染过程 NO_2 浓度变化特征

此外，对植被区与非植被区一次典型重污染过程中 NO_2 浓度的变化分析发现，NO_2 浓度在污染起始和清除阶段浓度较低，而在污染积累和加重阶段持续增加，与田伟等（2013）对北京秋季一次重污染过程中 NO_2 浓度变化的分析结果较为一致。此外，田伟等（2013）还指出，NO_x 在污染起始和清除阶段没有明显的起伏变化；在污染积累和加重阶段，NO_x 浓度的变化没有明显的阶段分界；其日变化明显，峰值一般出现于夜间和上午，这主要与城市早高峰机动车排放量增加和 NO_x 参与大气光化学反应减少有关；NO_x 浓度谷值出现在下午，这是源于高浓度 O_3 导致的气粒转化和对流损失。此次污染过程中气象因素也对 NO_2 浓度的变化有影响，将在下文展开详细讨论。

3.2.4 小结

（1）植被区与非植被区 NO_2 浓度时空变化特征

① 植被区对 NO_x 具有净化作用，NO_2 浓度表现为植被区［（29.59 ± 10.99）$\mu g/m^3$］< 非植被区［（49.44 ± 12.51）$\mu g/m^3$］，2017 年与 2013 年相比，

NO$_2$ 浓度降幅表现为植被区（13.60%）< 非植被区（17.67%）。植被区与非植被区 NO$_2$ 浓度年际月变化均大致呈 U 型趋势，与北京市 5 年期间的 NO$_2$ 浓度月变化趋势大致相符，具体表现为夏季低，冬季高。植被区与非植被区 NO$_x$ 浓度空间变化规律与北京市 NO$_x$ 浓度区域背景值变化规律基本吻合。

② 分析一次典型污染全过程，PM2.5 浓度先增大后减小，NO$_2$ 浓度也呈现同样的趋势，且 NO$_2$ 浓度在各阶段均表现为非植被区（海淀万柳）> 植被区（海淀北京植物园）。在污染起始和清除阶段，NO$_2$ 浓度较低，尤其是清除阶段 NO$_2$ 浓度大幅下降。污染过程中 NO$_2$ 浓度与气象因子的关系表现为：污染清除阶段 NO$_2$ 浓度与温度呈负相关，与相对湿度呈正相关，而前三个污染阶段则与之相反。

（2）城市森林内外 NO$_2$ 浓度时空变化特征

① 林内外 NO$_2$ 浓度年际月变化趋势表现一致，均呈 U 型变化趋势，具体表现为夏季 < 秋季 < 春季 < 冬季，与北京市 2013—2017 年整体 NO$_2$ 浓度及 5 对典型植被区与非植被区 NO$_2$ 浓度的年变化趋势基本吻合，且林外 NO$_2$ 浓度普遍高于林内。

② 1—4 月 3 组对照点林内外 NO$_2$ 浓度表现为具有显著的差异性（α=0.05, Sig=0.000 < 0.05），7—12 月仅有朝阳公园林内外具有显著差异性，其他两组对照点林内外无差异（α=0.05, P=0.274 > 0.05）或差异性不显著（α=0.05, P=0.000, Sig=0.520 > 0.05）。不同月份大气中 NO$_2$ 浓度有所差异，导致森林净化量不同，因此，林内外 NO$_2$ 浓度的差异性随时间的变化而不同，即环境背景浓度是城市森林 NO$_2$ 净化量的关键影响因素。

③ 对比不同污染环境下城市森林林内 NO$_2$ 浓度分布特征发现，1—4 月林内各对照点 NO$_2$ 浓度分布趋势与各区域 NO$_2$ 浓度分布有较显著的差异（α=0.05, P=0.000 < 0.05），7—12 月则无显著性差异，表明除 NO$_2$ 浓度区域背景值外，还有其他因素影响城市森林的净化作用，如人类生产活动、植被因素等。同时，森林净化 NO$_2$ 能力有一定的范围。

3.3 城市森林内外 NO₂ 浓度与气象因子的关系

3.3.1 NO₂ 浓度与风的关系

选取 2016 年 1 月 17 日 5：00 至 18 日 19：00 进行分析，两日内 74.36% 时段气温在 –9 ~ –4 ℃，平均温度为 –7.82 ℃，相对湿度均在 28%~51%，降水量为 0。有 30.77% 时段风速在 3.4 m/s（三级风力）以上，明显高于其他时段，该时段分析风速与 NO₂ 浓度之间的关系具有典型代表性。

由图 3–9 可知，随着风速的增大，林内外的 NO₂ 浓度呈下降趋势，反之呈升高趋势。17 日风速变化较为平稳，5：00—7：00 出现一次风速增大过程（风速从 1.1 m/s 增大至 3.6 m/s），林内外 NO₂ 浓度在此时段分别下降了 5.12、12.98 $\mu g/m^3$；随后 7：00—9：00 风速出现一个小的下降阶段，NO₂ 浓度无明显变化。17 日风速在 13：00 和 22：00 分别达到两次谷值，NO₂ 浓度也随之呈现不同程度的相反变化趋势。18 日相比 17 日风速变化幅度较大，风速连续出现 4 个峰值，对应的林内外 NO₂ 浓度也出现 4 次谷值。其中，18 日 14：00 风速达到了最大值（6.3 m/s），11：00—14：00 风速增长幅度较大，与 14：00 林内外 NO₂ 浓度相比，11：00 分别降低到 2.01、7.08 $\mu g/m^3$，分别降低了 19.12%、33.00%。14：00—17：00 风速急剧下降，从 6.3 m/s 降低至 3.1 m/s，对应的林内外 NO₂ 浓度分别升高至 5.00、8.59 $\mu g/m^3$，分别升高了 148.76%、21.47%。在 18 日 14：00 风速达到峰值，林内外 NO₂ 浓度有所降低，但均在 14：00 之后下降到最低值，出现了浓度下降滞后现象。这与陈波等对北京植物园林内外 PM2.5 浓度变化的研究结果有所差异，证明了林内植物对大气污染物具有一定的抗性，NO₂ 和 PM2.5 自身理化的差异性也是导致结论不同的主要原因之一。

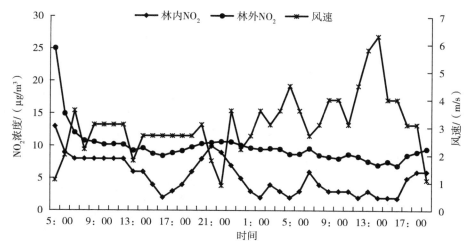

图 3-9 1 月 17—18 日大风对林内外 NO_2 浓度的影响

对林内外的 NO_2 浓度与风速的关系进行进一步研究，通过二者的相关性分析得到 NO_2 浓度与风速呈显著负相关（林内 $P=0.003$，$R=-0.467$；林外 $P=0.000$，$R=-0.616$），可见风速对林外 NO_2 浓度的影响作用更大。

3.3.2 NO_2 浓度与温度的关系

选取 2016 年 9 月 4—6 日进行林内外 NO_2 浓度与温度关系的研究，选取的时段降水量为 0，风速均在 1.3m/s 以下，且多数时段无风，61.11% 时段相对湿度为 23%~75%，温度在 16.9~30.7 ℃，有相对较大的温差，气象条件适宜做林内外 NO_2 浓度与温度的关系对比分析。

由图 3-10 可知，NO_2 浓度与温度呈负相关。当温度升高时，林内外 NO_2 浓度均呈下降趋势；当温度下降时，NO_2 浓度随即升高。9 月 4—6 日每天 14：00 左右温度各出现一个峰值，分别为 28.1、30.7、29.9 ℃，对应的每日林内外 NO_2 浓度也出现一个谷值，但林内 NO_2 浓度谷值出现的时间相对于温度峰值出现的时间有一定的滞后性，每日 NO_2 浓度谷值均在 17：00 左右出现，林外无明显的滞后性。林内 NO_2 浓度谷值 3 日分别为 5.85、3.75、4.55 $\mu g/m^3$，林外浓度谷值分别为 13.09、4.11、7.08 $\mu g/m^3$。3 日的温度及林内外 NO_2 浓度的变化范围及趋势大致相同。

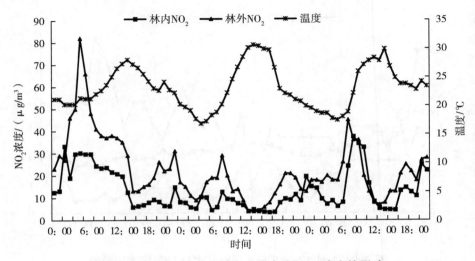

图3-10　9月4—6日温度对林内外 NO_2 浓度的影响

对4—6日林内外 NO_2 浓度与各气象因素指标进行相关性分析，这3日的 NO_2 浓度与降水、风速及相对湿度无显著性关系（ $P > 0.05$ ， $R < 0.50$ ），林内外 NO_2 浓度与温度呈负相关（林内 $P=0.181 > 0.05$ ， $R= -0.160$ ；林外 $P= 0.011 < 0.05$, $R= -0.299$ ），说明温度对林外 NO_2 浓度的影响更显著。在3.2.4小节一次典型污染过程的分析中，污染清除阶段表现为温度越低，相对湿度越高， NO_2 浓度则越高，也反映出 NO_2 浓度与温度呈负相关。

3.3.3　NO_2 浓度与降水量的关系

分析2016年部分降水日前后 NO_2 浓度的变化情况，并计算林内外 NO_2 浓度的削减率［（降水前浓度－降水后浓度）/降水前浓度］（表3-6）。全年降水基本集中在9—10月，4月、5月、11月有少数降水天气，其余月份基本无降水。降水对林内外 NO_2 浓度具有较好的削减作用，基本上林内外降水后的 NO_2 浓度均小于降水前，且降水对林外 NO_2 浓度的削减作用更好， NO_2 削减率普遍为林内低于林外。以表3-7中的削减率来看，秋季降水对 NO_2 浓度的削减能力最强，主要是由于秋季降水时长、降水量、降水强度均较大，这3个因素对降水削减 NO_2 浓度均具有促进作用。从表中的数据可以看出，降水时长越长，降水量越大，降水强度越强，降水过程对

NO_2 的削减作用越显著。其中以 10 月 7 日的降水时长和强度最大，分别为 19 h、38.4 mm，降水强度也达到了 1.76 mm/h。此次降水过程对林内外 NO_2 浓度的削减率分别为 71.43%、77.02%，显著高于其他降水过程 NO_2 浓度的削减率。此外，4—7 月的降水时长、降水量及降水强度基本一致，均为 1 h、0.2 mm、0.2 mm/h，但各月对 NO_2 浓度的削减率有所差异，其中 4 月、5 月削减率基本相当，高于 6 月、7 月，即春季降水对 NO_2 浓度的削减率高于夏季。主要是由于夏季大气中 NO_2 浓度背景值低，而降水对其的削减作用是有一定限度的，故而夏季整体削减率偏低。此外，从 8 月的降水数据可以看出，夏季的降水时长、降水量、降水强度与削减率无明显关系，此时降水对 NO_2 浓度的削减作用较为复杂。

在所选数据中，出现 3 次连续降水过程，分别为 9 月 17—18 日、10 月 6—7 日、10 月 20—21 日，且 3 次降水过程的时长、降水量及强度有所差异。其中，9 月 17—18 日、10 月 20—21 日两次连续降水条件下林内外均表现为第 2 天的 NO_2 浓度削减率低于第 1 天，且在第 2 天的浓度削减率中出现负值，由于降水对 NO_2 浓度的削减作用较为复杂，推测可能是由于在第 1 天的降水中 NO_2 浓度已经达到最低，持续的降水不会使其浓度继续下降，故而没有了削减作用，甚至 NO_2 浓度会有小幅回升。

表 3-6　2016 年部分降水日前后林内外 NO_2 浓度的削减率

日期	降水量 / mm	降水时长 /h	降水强度 / (mm/h)	林内浓度 / (μg/m³)			林外浓度 / (μg/m³)		
				降水前	降水后	削减率 /%	降水前	降水后	削减率 /%
4 月 14 日	0.2	1	0.2	18.24	10.88	40.35	23.79	12.37	48.02
4 月 27 日	0.2	1	0.2	18.59	14.49	22.04	41.00	30.75	25.00
5 月 5 日	0.2	1	0.2	20.63	12.13	41.22	37.96	24.29	36.00
6 月 7 日	0.2	1	0.2	24.29	19.09	21.37	22.89	18.00	21.36
7 月 30 日	0.2	1	0.2	19.62	19.31	1.57	30.44	22.54	25.96
8 月 17 日	0.4	2	0.2	19.32	18.35	5.04	24.42	17.42	28.67
8 月 18 日	22	13	1.69	19.35	13.64	29.52	17.42	12.46	28.47
9 月 7 日	2.4	2	1.2	21.34	16.35	23.35	32.67	18.10	44.59

日期	降水量 / mm	降水时长 /h	降水强度 / (mm/h)	林内浓度 / (μg/m³)			林外浓度 / (μg/m³)		
				降水前	降水后	削减率 /%	降水前	降水后	削减率 /%
9 月 17 日	6.2	4	2.07	17.24	12.36	28.31	21.33	12.50	41.41
9 月 18 日	0.8	3	0.27	12.36	12.46	−0.82	12.50	17.42	−39.33
9 月 23 日	6.6	3	2.2	23.36	20.25	13.33	25.71	21.91	14.78
9 月 26 日	18.2	5	3.64	16.33	8.36	48.78	19.00	9.25	51.32
10 月 4 日	6	13	0.46	23.15	15.35	33.68	26.08	16.42	37.06
10 月 6 日	0.4	2	0.2	26.22	22.35	14.74	43.13	34.63	19.71
10 月 7 日	38.4	19	1.76	22.35	6.32	71.73	34.63	7.96	77.02
10 月 20 日	4.4	7	0.63	24.63	16.36	33.58	36.38	20.08	44.79
10 月 21 日	2.4	2	0.8	16.36	17.97	−9.81	20.08	16.76	16.54
10 月 27 日	12	10	1.2	24.48	4.39	82.06	41.75	8.83	78.84
11 月 20 日	15	6.4	0.43	28.91	12.25	57.64	47.96	20.14	58.00

3.3.4 NO_2 浓度与相对湿度的关系

鉴于北京的气候特点为暖温带半湿润大陆性季风气候，四季分明，春秋短促，冬夏较长，春季温差大，伴有沙尘天气，夏季高温多雨，秋季秋高气爽，温度适宜，冬季寒冷干燥，故而选取夏秋季相关数据来分析林内外 NO_2 浓度与相对湿度的关系。

选择 2016 年 7 月 13—14 日，无降水，风速均在 0.9 m/s 以下，无风时段居多，温度在 21.3~35.3 ℃，平均温度 27.28 ℃，平均相对湿度 69.79%，最高相对湿度达 97%，最低相对湿度为 35%，除相对湿度变化幅度较大外，其他气象因子均保持在较为稳定的范围。如图 3–11 所示，林内外 NO_2 浓度随相对湿度变化的规律呈正相关，相对湿度增大，NO_2 浓度升高；相对湿度减小，NO_2 浓度降低。对林内外 NO_2 浓度与相对湿度进行相关性分析，林外 NO$_2$ 浓度与相对湿度间呈较弱的正相关（$\alpha = 0.05$，$P = 0.010 < 0.05$，$R=0.367 < 0.600$），而林内二者关系不显著。造成林内外差异的原因主要是城市森林是一个较为密闭的环境空间，具有较为稳定的小气候条件，故受外界干扰程度小于林外，因此，林外的 NO$_2$ 浓度受相对湿度影响更大，且林内 NO$_2$ 浓度始终小于林外，也证明了城市森林对于 NO$_2$ 具有一定的调控净化作用。

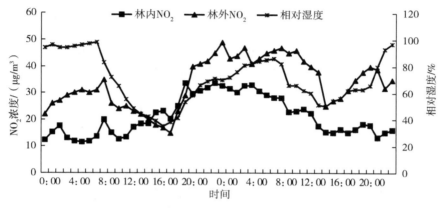

图 3-11　7 月 13—14 日相对湿度对林内外 NO$_2$ 浓度的影响

此外，对 2016 年 7 月 15—18 日 NO$_2$ 浓度与相对湿度的关系进行研究，期间降水量为 0，风速均在 1.3 m/s 以下，且多数时段无风，温度在 18.5~29.2 ℃，平均相对湿度高达 87.07%，除相对湿度始终保持在较高水平外，其余气象因素均处于较为稳定的范围。与 13—14 日相比，相对湿度始终处于较高的水平，平均相对湿度相差 17.28%。

对 NO$_2$ 浓度与相对湿度进行线性回归分析可知，二者呈负相关（图 3-12）。其中，林内回归方程为：$y = -0.12x + 26.258$（y：林内 NO$_2$ 浓度，x：相对湿度）（$\alpha = 0.05$，F = 7.944，$P=0.006 < 0.05$）；林外回归方程为：$y = -0.322x + 50.515$（$\alpha = 0.05$，F = 25.325，$P=0.003 < 0.05$）。林内的 R 值绝对值小于林外，林外 NO$_2$ 浓度与相对湿度的拟合程度更优，受相对湿度变化的影响更显著。可见，相对湿度与 NO$_2$ 浓度之间的关系不是恒定的，当相对湿度处于较高水平时，NO$_2$ 浓度与相对湿度呈不显著的负相关，相对湿度过高会加速污染物的湿沉降，故而当相对湿度达到一定水平后，会与 NO$_2$ 浓度呈负相关。

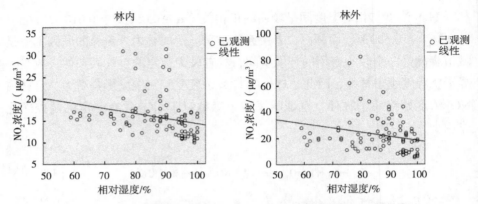

图 3-12　相对湿度处于高水平（平均相对湿度高于 80%）时
对林内外 NO$_2$ 浓度的影响

3.3.5　讨论

气象条件对污染物的主要影响作用表现为稀释、冲洗、扩散、聚集等，其中降水量、温度、风速、相对湿度等气象因子均是影响大气污染的主导因素，且对不同污染物的影响程度有所差异（Thurston et al., 2011）。由于城市森林内部不同于林外，林内植被覆盖率高，会形成小气候条件；林内植被枝叶茂密，能够阻挡阳光辐射、减小风速，植被自身进行的蒸腾作用不仅能够降低温度，还能产生水蒸气；又因林内风速较低，空气流动性较弱，进而增大林内湿度，造成林内的相对湿度始终保持在较高且稳定的状态，因此，林内 NO$_2$ 浓度受大气环境温度、相对湿度、风速等的影响相对较小。

（1）风对 NO$_2$ 的驱散作用

本研究选择除风速变化较为显著而其他气象因素较为稳定的时段，比较分析林内外风速对 NO$_2$ 浓度的影响。结果发现，林内外风速与 NO$_2$ 浓度呈显著负相关。主要是由于风速大会使大气运动活跃，平流输送能力强，流动性好，有利于气体污染物 NO$_x$ 的扩散。风速决定了污染物的水平输送和扩散，这与周岳（2015）对西安东郊 NO$_x$ 浓度与气象因素的关系研究结论一致。此外，污染物在受风吹动扩散的同时，也不断地与周围空气混合，从而使得污染物得到稀释。Esmaiel 等（2006）在美国及澳大利亚等地的调查研究发现，一定范围内的风速可以加快污染物扩散，使其浓度随之下降，也与本研究结论相吻合。而 Beckett 等（2000）研究指出，风速能够显著影响植被吸附气体污染物的能力，其吸附速度和效率会随风速增大而升高，但达到峰值后会稍有下降，且差异显著。

（2）温度对 NO$_2$ 浓度的影响

选择除温度波动范围较大而其他气象因子较为稳定的时段进行分析，结果显示，NO$_2$ 浓度与温度呈负相关。主要是由于温度升高，会促使大气垂直方向对流作用显著增强，有利于气体污染物的扩散；温度升高会使植物的光合作用增强，森林植被对 NO$_x$ 的净化能力主要体现在吸滞方面，随着光合作用的增强，植被对污染物的吸附能力也随之增强（刘旭辉 等，2014），这也是导致 NO$_2$ 浓度与温度呈负相关的原因之一。该结论与林内污染前 3 个阶段植被区与非植被区温度越高，相对湿度越低，NO$_2$ 浓度越低一致，说明了 NO$_2$ 浓度与温度呈负相关。

污染清除阶段，温度与污染物浓度呈负相关。温度平流逆温和夜间辐射逆温复合交织，会阻碍污染物水平和垂直扩散（王希波 等，2007），造成污染物的累积。正变温还能促进边界层结构的稳定性，抑制气态污染物的扩散，故而温度与污染物浓度呈负相关。有学者指出（孙扬，2006），温度升高可以增强地面辐合运动，不利于污染物的扩散，与本研究结论不同。综上所述，温度与 NO$_x$ 浓度之间的关系有待进一步深入探究。

（3）降水对 NO$_2$ 的削减作用

本研究指出，降水能够降低 NO$_2$ 浓度，因为降水可稀释 NO$_x$，NO$_x$ 可溶于水，降水会使其发生湿沉降，使 NO$_2$ 浓度降低（Puxbaum et al.，2002）。杨帆（2015）指出，NO$_x$ 浓度不仅受降水量的影响，降水频率及降水时间也会对其产生很大影响，与本研究结论一致。本研究在连续降水天气下发现，当降水量、降水强度稳定时，降水后期对 NO$_2$ 浓度的削减作用远小于降水初期，降水对 NO$_2$ 的削减具有一定的范围，当到达峰值后，持续降水不会再使 NO$_2$ 浓度继续降低，甚至会有所回升。

（4）相对湿度对 NO$_2$ 浓度的影响

本研究发现，当其他气象条件稳定时，相对湿度与 NO$_2$ 浓度呈正相关，徐衡等（2013）也指出，相对湿度大的天气条件会形成雾罩，对污染物的扩散有抑制作用，赵晨曦等（2014）也得出，较高的湿度容易引发逆温、雾霾等恶劣天气，污染物扩散条件较差，进而浓度升高，均与本研究结论一致。

此外，本研究发现，当相对湿度足够大时，相对湿度与林内外 NO_2 浓度呈负相关，这与刘旭辉等（2014）对 PM10、PM2.5 浓度与气象因子的关系研究结论一致。因为当相对湿度过高时，会诱发 NO_x 湿沉降，使 NO_2 浓度与相对湿度呈负相关。杨孝文等（2016）也提出，潮湿环境会促进气态污染物向颗粒态转化，进而降低污染物浓度。

综上所述，NO_x 浓度与气象因子之间的关系复杂且不恒定，尤其是温度和相对湿度对 NO_x 浓度的影响作用既出现正相关，也出现负相关。因大气环境具有复杂性，故而温度与相对湿度与 NO_2 浓度之间的关系有待进一步探究，可考虑通过气候模拟实验进行探究，以避免其他不稳定环境因素的干扰。

3.3.6　小结

① 风速与林内外 NO_2 浓度呈显著负相关（林内 $P = 0.003$，$R = -0.467$；林外 $P = 0.000$，$R = -0.616$），且林外 NO_2 浓度受风速影响更大。

② 温度与林内外 NO_2 浓度呈负相关，但与林内 NO_2 浓度的负相关性不显著（$P = 0.181 > 0.05$，$R = -0.160$），与林外 NO_2 浓度呈显著负相关（$P = 0.011 < 0.05$，$R = -0.299$）。

③ 降水对 NO_2 浓度具有削减作用。降水量、降水时长、降水强度等因素都会影响降水过程对 NO_2 浓度的削减率，各季节降水对 NO_2 浓度的削减率有差异，秋季最大，夏季最低，降水对林外 NO_2 的消减作用更好。

④ 相对湿度与 NO_2 浓度呈正相关，但与林内 NO_2 浓度关系不显著（$\alpha = 0.05$，$P = 0.082 > 0.05$）；而当相对湿度足够大（平均相对湿度高于 80%）时，相对湿度与林内外 NO_2 浓度均呈负相关，回归方程分别为：$y = -0.12x + 26.258$（林内），$y = -0.322x + 50.515$（林外），林外受相对湿度的影响作用更明显。

3.4　不同植物配置模式下 NO$_x$ 浓度变化特征

3.4.1　不同植物配置模式下 NO$_x$ 浓度时间变化特征

3.4.1.1　不同植物配置模式下 NO$_x$ 浓度日变化特征

由图 3–13 可知，不同月份植物生长季 NO$_x$ 浓度日变化（6：00—18：00）规律基本一致，呈单峰单谷型变化规律，其中 5 月、6 月、10 月具有较为明显的单峰单谷型日变化规律，而 7—9 月无显著变化趋势。NO$_x$ 浓度在 6：00—10：00 基本呈上升趋势，峰值在 10：00 左右出现。26 种植物配置模式下 NO$_x$ 浓度在 5—10 月 10：00 出现的峰值分别为：（46.52 ± 2.48）μg/m³、（45.37 ± 1.56）μg/m³、（42.77 ± 3.89）μg/m³、（39.00 ± 2.34）μg/m³、（57.20 ± 1.45）μg/m³、（112.14 ± 6.93）μg/m³。随后 10：00—14：00 呈现下降趋势，主要是由于太阳光照增强，NO$_x$ 参与大气光化学反应生成 O$_3$，使得其浓度降低，并在 14：00 左右出现谷值，此时谷值产生的原因为高浓度的 O$_3$ 会导致 NO$_x$ 气粒转化并出现对流损失。谷值依次为：（12.56 ± 1.04）μg/m³、（9.68 ± 0.76）μg/m³、（8.20 ± 0.82）μg/m³、（8.28 ± 0.34）μg/m³、（13.25 ± 0.58）μg/m³、（19.32 ± 1.28）μg/m³。在 16：00—18：00 NO$_x$ 浓度呈上升趋势，并于 18：00 再次出现浓度高峰。其中 6 个月的浓度谷值比峰值分别低 73.00%、78.66%、80.83%、78.77%、76.84%、82.77%。此外，8 月 NO$_x$ 浓度日较差最小，10 月最大。

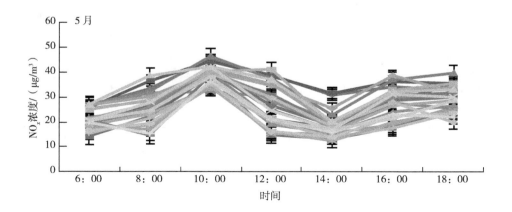

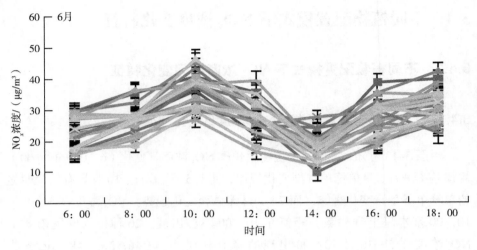

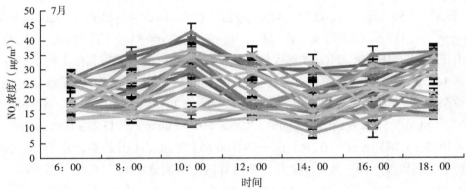

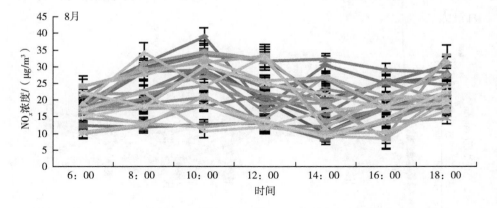

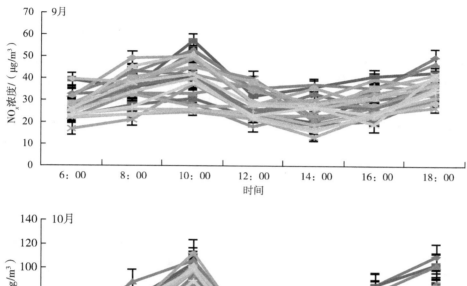

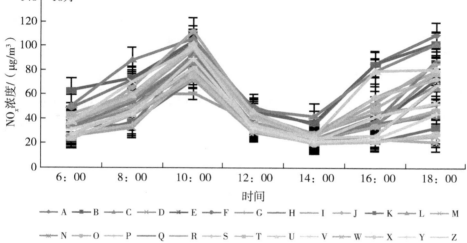

图 3–13　不同植物配置模式下 NO$_x$ 浓度日变化特征

3.4.1.2　不同植物配置模式下 NO$_x$ 浓度月变化特征

生长季包含北京的夏季和秋季，NO$_x$ 浓度夏季 [（24.40 ± 5.47）µg/m^3] ＜ 秋季 [（40.31 ± 12.73）µg/m^3]，其中 10 月 NO$_x$ 月平均浓度显著高于其他月份。由表 3–7 可知，栾树纯林、银杏纯林、国槐＋垂柳、紫叶碧桃＋国槐、银杏＋垂柳、栾树＋二球悬铃木、油松＋国槐＋银杏、油松＋太平花＋黄栌、油松＋苹果＋铺地柏、二球悬铃木＋银杏＋大叶黄杨、金银木＋铺地柏 11 种植物配置模式下的 NO$_x$ 浓度呈现较为一致的月变化规律：8 月 ＜ 7 月 ＜ 5 月 ＜ 6 月 ＜ 9 月 ＜ 10 月；油松＋国槐为 7 月 ＜ 8 月 ＜ 6 月 ＜ 5 月 ＜ 9 月 ＜ 10 月；

白皮松纯林为 8 月 < 6 月 < 7 月 < 5 月 < 9 月 < 10 月；其余配置大致呈现 8 月 < 7 月 < 6 月 < 5 月 < 9 月 < 10 月。在生长季，NO_x 浓度最低值出现在 7 月、8 月，5 月、6 月次之，最高值均出现在 10 月，不同植物配置模式下的 NO_x 浓度月变化整体上呈现较为一致的趋势。此外，26 种植物配置模式下的生长季月均浓度变化范围在 19.56~46.45 $\mu g/m^3$，其中阔灌混交 NO_x 浓度变化幅度较小（< 27.00 $\mu g/m^3$），阔叶混交林次之，而针叶纯林变化幅度最大（> 40.00 $\mu g/m^3$），即阔灌混交林内 NO_x 浓度相对最稳定，针叶纯林 NO_x 浓度波动最大。

表 3–7 26 种植物配置模式下生长季各月 NO_x 浓度

单位：$\mu g/m^3$

植物配置模式	5 月	6 月	7 月	8 月	9 月	10 月
A	34.65 ± 3.42	31.78 ± 3.16	32.25 ± 2.67	27.94 ± 3.84	38.08 ± 3.01	71.74 ± 5.29
B	35.65 ± 3.84	33.89 ± 3.45	32.02 ± 1.98	26.60 ± 2.87	40.53 ± 5.62	73.06 ± 6.14
C	34.87 ± 2.98	34.22 ± 3.84	31.63 ± 3.17	28.97 ± 1.98	40.48 ± 3.24	73.87 ± 5.98
D	25.94 ± 2.25	29.48 ± 3.12	26.35 ± 2.26	22.79 ± 1.79	32.82 ± 3.19	50.14 ± 4.98
E	26.84 ± 2.43	26.43 ± 2.57	24.02 ± 2.02	20.21 ± 2.23	30.51 ± 2.16	48.02 ± 3.42
F	27.56 ± 2.11	27.13 ± 2.96	22.02 ± 1.92	20.64 ± 2.76	32.82 ± 2.86	43.88 ± 3.72
G	28.09 ± 3.01	26.46 ± 2.42	23.39 ± 2.18	21.18 ± 1.96	29.32 ± 3.26	49.78 ± 2.98
H	26.51 ± 2.19	27.35 ± 1.98	23.68 ± 1.46	20.27 ± 2.98	31.18 ± 4.18	43.07 ± 3.67
I	28.93 ± 2.84	28.40 ± 3.01	23.41 ± 2.37	21.53 ± 3.21	33.96 ± 2.76	45.64 ± 4.28
J	32.71 ± 1.98	31.18 ± 2.11	28.21 ± 3.12	25.30 ± 3.45	37.99 ± 3.82	59.88 ± 5.22
K	20.97 ± 1.32	21.63 ± 1.92	14.57 ± 1.29	13.37 ± 1.78	24.87 ± 2.14	34.38 ± 3.64
L	23.89 ± 1.98	25.74 ± 2.19	17.44 ± 2.01	16.99 ± 1.62	29.52 ± 1.68	44.48 ± 3.86
M	20.94 ± 1.78	21.99 ± 2.88	15.82 ± 1.77	14.58 ± 1.37	25.10 ± 1.33	34.45 ± 2.01
N	25.17 ± 2.02	24.39 ± 1.69	22.81 ± 2.19	18.11 ± 2.31	27.91 ± 1.96	43.04 ± 3.02
O	24.24 ± 2.22	25.59 ± 2.34	23.35 ± 2.37	19.02 ± 1.92	30.27 ± 2.67	43.20 ± 3.48

植物配置模式	5月	6月	7月	8月	9月	10月
P	21.06 ± 2.48	21.73 ± 1.76	16.05 ± 2.03	13.19 ± 1.02	24.81 ± 2.13	33.96 ± 2.98
Q	26.79 ± 3.10	26.94 ± 2.98	22.05 ± 1.92	22.41 ± 2.12	32.20 ± 3.24	51.10 ± 3.69
R	29.68 ± 2.19	29.24 ± 2.05	26.25 ± 2.24	21.56 ± 1.38	35.49 ± 2.41	55.52 ± 5.16
S	30.90 ± 2.37	29.10 ± 1.89	26.60 ± 3.62	26.63 ± 2.61	35.87 ± 2.37	56.34 ± 3.46
T	31.95 ± 3.42	30.65 ± 2.57	26.82 ± 3.14	23.87 ± 2.17	36.69 ± 1.34	57.24 ± 4.41
U	33.09 ± 2.76	31.27 ± 2.95	27.51 ± 2.98	23.29 ± 2.58	35.93 ± 2.01	61.60 ± 3.45
V	27.76 ± 2.52	29.07 ± 3.12	24.08 ± 2.32	21.98 ± 3.36	31.65 ± 2.14	50.85 ± 5.23
W	20.43 ± 1.93	20.10 ± 2.11	15.28 ± 1.09	13.36 ± 2.87	22.16 ± 1.76	32.92 ± 2.98
X	21.15 ± 1.79	20.73 ± 1.49	13.65 ± 0.99	13.28 ± 1.76	23.16 ± 1.98	34.45 ± 4.35
Y	22.08 ± 2.49	23.63 ± 3.01	17.80 ± 2.18	15.91 ± 0.92	27.91 ± 2.18	40.63 ± 3.98
Z	24.57 ± 2.88	25.57 ± 2.92	19.91 ± 1.56	17.26 ± 1.83	27.82 ± 3.01	44.08 ± 4.12

3.4.2 不同植物配置模式下 NO$_x$ 浓度聚类分析

对 26 种不同植物配置模式下的 NO$_x$ 浓度进行单因素方差分析，以对比其净化功能的差异，不同植物配置模式下的 NO$_x$ 浓度具有显著性差异（α =0.05，F=63.67，P=0.000 < 0.05）。因此，本研究采用聚类分析法，按照极高、高、中等、低、极低水平对不同植物配置模式下的 NO$_x$ 浓度水平进行划分（图 3–14）。

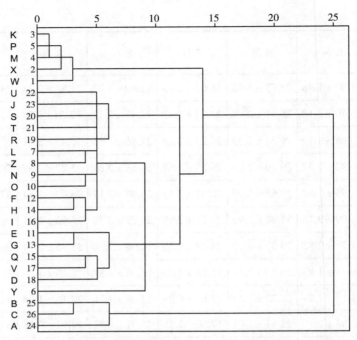

图 3-14　26 种植物配置模式下 NO$_x$ 浓度等级划分系统聚类

　　其中，国槐＋垂柳、银杏＋垂柳、油松＋国槐＋银杏、国槐＋大叶黄杨＋铺地柏、金银木＋垂柳＋金叶女贞这 5 种配置模式 NO$_x$ 浓度极低，生长季 NO$_x$ 月均浓度分别为 20.71、21.07、21.63、22.15、21.80 μg/m³；二球悬铃木＋银杏＋大叶黄杨 NO$_x$ 浓度（24.66 μg/m³）处于低水平；栾树、二球悬铃木、五角枫、国槐、银杏、垂柳纯林、紫叶碧桃＋国槐、国槐＋二球悬铃木、栾树＋二球悬铃木、油松＋太平花＋黄栌、油松＋苹果＋铺地柏及金银木＋铺地柏配置模式的 NO$_x$ 浓度表现为中等水平，NO$_x$ 月均浓度为 26.34~31.25 μg/m³；白皮松＋侧柏、油松＋二球悬铃木、油松＋垂柳、油松＋国槐、侧柏＋五角枫 NO$_x$ 浓度高；白皮松、油松、侧柏纯林 3 种配置模式的 NO$_x$ 月均浓度极高，分别为 39.41、40.29、40.67 μg/m³。

　　由上述分析可知，各植物配置模式对 NO$_x$ 浓度会产生不同程度的影响，即各植物配置模式对 NO$_x$ 具有一定的净化和调控作用，且具有不同程度的差异性。由于研究对象均位于大兴南海子公园内，NO$_x$ 环境背景浓度相同，进而可由 NO$_x$ 浓度高低推断各植物配置模式对 NO$_x$ 净化能力的强弱等级范围，即极强、强、中等、弱和极弱（表 3-8）。

表 3–8　大兴南海子公园 26 种植物配置模式 NO$_x$ 净化效果等级

净化 NO$_x$ 能力	植物配置模式
极强	国槐 + 垂柳、银杏 + 垂柳、油松 + 国槐 + 银杏、国槐 + 大叶黄杨 + 铺地柏、垂柳 + 金银木 + 金叶女贞
强	二球悬铃木 + 银杏 + 大叶黄杨
中等	栾树纯林、二球悬铃木纯林、五角枫纯林、国槐纯林、银杏纯林、垂柳纯林、紫叶碧桃 + 国槐、国槐 + 二球悬铃木、栾树 + 二球悬铃木、油松 + 太平花 + 黄栌、油松 + 苹果 + 铺地柏、金银木 + 铺地柏
弱	白皮松 + 侧柏、油松 + 二球悬铃木、油松 + 垂柳、油松 + 国槐、侧柏 + 五角枫
极弱	白皮松纯林、油松纯林、侧柏纯林

3.4.3　对城市森林净化 NO$_x$ 的植物配置模式选择建议

对不同配置模式的树种搭配进行聚类分析，筛选出较为优良的树种搭配，现对不同植物群落类型进行进一步对比分析可知，不同植物群落类型的 NO$_x$ 浓度由低到高为：阔灌复层林 [（23.24 ± 8.13）μg/m³] < 阔叶混交林 [（24.93 ± 8.25）μg/m³] < 阔叶纯林 [（29.71 ± 8.57）μg/m³] < 针阔灌复层林 [（30.9 ± 9.47）μg/m³] < 针阔混交林 [（31.54 ± 11.50）μg/m³] < 针叶混交林 [（35.88 ± 12.52）μg/m³] < 针叶纯林 [（40.12 ± 15.54）μg/m³]，即净化能力由强到弱顺序如图 3–15 所示。

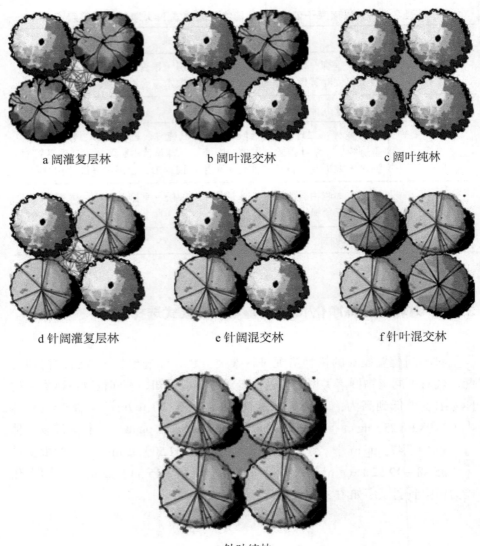

a 阔灌复层林　　　　　　b 阔叶混交林　　　　　　c 阔叶纯林

d 针阔灌复层林　　　　　　e 针阔混交林　　　　　　f 针叶混交林

g 针叶纯林

图 3-15　城市森林净化 NO$_x$ 配置模式示意

　　结合北京市植物配置模式建议，遵循注重植物季相变化，突出夏秋、兼顾春冬，并且要以近自然式栽植为主要设计规划原则，营造出最贴近大自然景观特色的城市森林，建设出可供生活在喧嚣城市中的人们放松心情的城市绿地。此外，以北京市平原造林常用及北京市广泛分布的乡土树种和优势树种为主要植物配置选择原则。本研究筛选出对 NO$_x$ 净化能力较强的乔灌木树种有国槐、垂柳、银杏、二球悬铃木、大叶黄杨、金银木、铺地柏、油松等。由于植物配置模式中阔灌复层林、阔叶混交林、阔叶纯林、针阔灌复层林、针阔混交林的净化作用相对较好，且要结合植物群落复层结构及物种多样性的原则，建议在城市绿化建设中多选择复层群落结构及乔木的混交模式为宜，故在城市绿化的规划设计中应以图 3-15 中 a-d 这 4 种植物配置模式为优先选择方案。此外，植物配置模式还应该遵循以下原则。

（1）因地制宜原则

因地制宜即根据所规划区域的实地状况，包括环境气候、土壤特点、周围建筑特色等，科学合理地选择适宜栽植的树种，要适地适树，保护地方植被特色，同时，保证配置的景观具有长期的生态效益。每个地方的典型树种都是经过长期对该区域环境生态因子适应的结果（张前进 等，2005），而在引进外来树种方面一定要谨慎小心，应先小范围试验或驯化，否则会对乡土树种造成严重的冲击（林晶晶，2019），甚至会造成物种入侵，使乡土树种受到危害或消亡，进而导致生态结构单一，生物多样性下降。因此，应因地制宜，适地适树，大力发展乡土树种，科学合理地引进外来树种。

（2）统一与变化原则

在城市绿地的配置设计中要考虑整体的美观性，注重美学原则，应以整体规划为基础，突出整体上的协调性、适用性及美观度，要使不同的组成要素有机统一结合起来，否则会显得变化突兀、杂乱无章，使游人身处其中却无法感受自然的静谧（谢健全，2018）。而在这个统一的整体中也要追求不同要素之间的差异变化性，包括植物的色彩、质感及形态等方面（冯胜华，2018）。不仅要展现整体的统一性，还要突出各部分的特色，即局部的差异性变化与整体的统一相结合。

（3）群落稳定性原则

多样性是增强群落稳定性的基础，也是最主要的手段，在群落内部可以尽可能地增强物种多样性，增加配置的植物种类，提高植被的空间利用率（朱丹粤，2002），这样也能增加群落的抗性，进而增强群落的稳定性。此外，要注意避免群落内部的竞争关系，尽可能地将互补性树种进行合理搭配，如阴性和阳性树种、深根性和浅根性植物等（徐永荣，1997）。

（4）多样性原则

包括群落内部植被种类的多样性及群落类型的多样性，群落的多样性对景观的丰富度及城市绿地的生态效益起决定性作用，因此，要进行合理配置，增强多样性以提高规划区域的生态功能。其主要途径之一是进行乔灌草复合结构的群落配置，以提高群落物种的多样性（徐永荣，1997）。同时，要注重搭配时的季相变化特点，以增强美观度。

3.4.4 讨论

3.4.4.1 不同植物配置模式下 NO_x 浓度时间变化特征

本研究对比生长季各月不同植物配置模式下的 NO_x 浓度日变化特征，整体呈现较为一致的单峰单谷型变化趋势，其峰值出现在上午 10：00 左右，推断出现峰值的原因主要是早高峰车流量大，因为汽车尾气排放及人类生产生活是导致 NO_x 浓度升高的主要污染源（彭镇华，2014），谷值出现在下午 14：00 左右。其中，5 月、6 月、10 月变化趋势较为显著，而 7—9 月无显著变化趋势，可能是由于 7—9 月降水较为频繁，对大气中的污染物具有冲刷滞尘作用，因此对 NO_x 浓度的日变化产生一定影响。国内外众多研究指出，NO_x 浓度日变化呈现双峰型特征（胡正华 等，2012；Lehman et al.，2004；安俊琳 等，2008），峰值普遍出现在 7：00—9：00 及 22：00—23：00 前后，谷值出现在 14：00—15：00。分析本研究与其他研究结论不同的原因，主要是由于其他研究对象普遍为城区且为全天候监测，夜晚会出现第二个峰值，而本研究只对 6：00—18：00 进行研究，因此只出现一个峰值。此外，本研究峰值出现时间相对滞后，主要是由于实验地点位于城乡接合部，具有较少的人类活动污染，城区的污染物传输到城郊需要一定的时间，因此，产生 NO_x 浓度峰值的时间滞后。本研究 NO_x 浓度日变化谷值出现的时间与其他现有研究结论一致。还有研究指出，北京城区 NO_2 浓度日较差最小值出现在夏季，最大值出现在秋季（李艳梅 等，2016），与本研究结论一致。

在生长季，NO_x 浓度月变化趋势较为一致，其中 7 月、8 月浓度最低，10 月浓度最高，与刘洁等（2008）对北京城郊气体污染物变化分析中 NO_x 浓度均表现为非采暖季显著低于采暖季，其中 7 月最低的结论一致。7 月、8 月为夏季，也是植被生长最为旺盛的季节，林内会形成较为稳定的小气候环境，对 NO_x 具有较好的净化和调控作用。此外，高温高湿的气候条件有利于

NO$_x$ 等前体物向硝酸盐转化，生成二次气溶胶（Koak et al., 2007；潘文 等，2012），这也是夏季 NO$_x$ 浓度较低的一个原因。而推断 10 月 NO$_x$ 浓度较高的原因主要是植物已进入生长季末期，多数树种叶片开始凋落，植物对 NO$_x$ 的净化调控能力显著下降，大气中 NO$_x$ 浓度明显增高；而且 10 月为旅游旺季，日常游客量较少的大兴南海子公园游客量突增，作为 NO$_x$ 主要贡献源的人类活动对其影响较大。

3.4.4.2　不同植物配置模式对 NO$_x$ 浓度变化的影响

绿化树种对气体污染物具有一定的吸收净化能力，有研究指出，植物对 NO$_2$ 的削减效率因植物种类的不同而存在差异（Morikawa et al., 1998）。本研究对大兴南海子公园内各植物配置模式下的 NO$_x$ 浓度进行比较，结果表明，阔灌混交林 < 阔叶混交林 < 阔叶纯林 < 针阔灌混交林 < 针阔混交林 < 针叶混交林 < 针叶纯林。由于 NO$_x$ 环境背景值相同，可推断各植物配置模式对 NO$_x$ 的净化作用，林内浓度越小，其净化作用越强。本研究中乔灌复合结构净化效果最优，可以进一步证实生物多样性越高的森林对气态污染物的吸滞能力越强（Manes et al., 2016）。本研究指出，针阔混交林 NO$_x$ 净化功能弱于阔叶纯林，可能是因为本研究中针阔混交林所选配置树种对 NO$_x$ 的净化能力差异太大，未能弥补生物多样性带来的净化能力优势。聂蕾等（2015）在城市森林对大气 SO$_2$ 和 NO$_x$ 的净化效果研究中指出，不同林分类型对大气环境的净化效果顺序为常绿阔叶林 > 灌木林 > 针叶林，与本研究结论大致相符，而本研究未单独对比纯灌木林对 NO$_x$ 的净化效果。阔叶林的净化效果好主要是由于其树枝繁多，树冠伸展面积较大，且其叶面积和叶量远高于灌木和针叶树种，极大地增加了与气体污染物的接触面积，易于树种各器官全方位吸收 NO$_x$。针叶林的净化效果最弱主要是由于其叶表面积较小，气孔数量少，且容易被自身分泌的油脂堵塞，因此对大气中 NO$_x$ 的净化作用较低（刘艳菊 等，2001）。相关研究发现，针叶树种对环境变化较为敏感，且对环境污染的抗性较低（宋彬 等，2015）。虽然针叶树种对污染物的净化能力较弱，但是在进行城市森林及城市绿地规划时，要考虑到园林植物造景的季相变化及景观空间美感，筛选 NO$_x$ 净化功能较强的树种，注重适地适树。还有研究指出（陈博 等，2015），乔灌木绿地具有一定规模后才能有效地降低污染物浓度。

　　此外，在城市森林不同树种的选择上，植物对 NO_x 的抗性也是城市森林调控气体污染物的一个重要影响因素，而本研究未对植物生理抗性进行研究，植物会因环境条件而改变自身的生理生化特性，进而影响其对气体污染物的净化作用。因此，筛选出适宜城市绿地栽植以改善环境空气质量的具体树种有待进一步深入探究。

3.4.5　小结

　　① 北京大兴南海子公园不同植物配置模式下 NO_x 浓度日变化在生长季（5—10月）呈现较为一致的单峰单谷型趋势。对生长季各月 NO_x 浓度进行对比分析可知，8月 NO_x 浓度日较差最小，10月最大。NO_x 浓度月变化表现为夏季低，秋季高，其中7月、8月最低，10月最高。不同植物配置模式下 NO_x 浓度月变化幅度表现为阔灌混交林最小，针叶纯林最大。不同植物配置模式对 NO_x 具有一定的净化和调控作用，林内 NO_x 浓度呈现较为一致的变化规律。

　　② 大兴南海子公园内各植物配置模式下林内 NO_x 浓度基本表现为阔灌混交林＜阔叶混交林＜阔叶纯林＜针阔灌混交林＜针阔混交林＜针叶混交林＜针叶纯林，净化能力排序反之。其中，国槐＋大叶黄杨＋铺地柏、垂柳＋金叶女贞＋金银木、国槐＋垂柳、银杏＋垂柳、油松＋国槐＋银杏等配置模式体现出较好的 NO_x 净化能力，而3种针叶纯林（白皮松、油松、侧柏）的净化作用最弱。筛选出的对 NO_x 净化能力较强的乔灌木树种有国槐、垂柳、银杏、二球悬铃木、大叶黄杨、金银木、铺地柏、油松等。

　　③ 建议在城市绿地规划建设中，植物配置模式多选用阔灌复层林、阔叶混交林、阔叶纯林、针阔灌复层林进行合理化设计栽植，以更好地净化大气中的 NO_x。

北京市森林净化 O_3 时空动态研究

4.1 北京市 O_3 浓度时空分布特征

4.1.1 北京市 O_3 浓度年际变化特征

由 2014—2019 年北京市环境保护监测中心 35 个环境监测点监测得到的全部有效 O_3 浓度数据可知，O_3 浓度呈现上升趋势，具体表现为：2019 年 [（60.71±8.06）μg/m³] ＞ 2018 年 [（59.93±9.12）μg/m³] ＞ 2017 年 [（58.82±9.02）μg/m³] ＞ 2015 年 [（57.43±10.16）μg/m³] ＞ 2016 年 [（56.59±9.10）μg/m³] ＞ 2014 年 [（56.52±11.69）μg/m³]。其中，最高 O_3 浓度（2019 年）相比最低 O_3 浓度（2014 年）增加了 7.42%，大气中 O_3 浓度呈增加趋势，但均在国家标准范围限值内。我国 2012 年颁布的《环境空气质量标准》（GB 3095—2012）规定 O_3 的浓度限值（1 小时平均值）一级标准为 160 μg/m³，二级标准为 200 μg/m³（国家环境保护局，2012），2014—2019 年 O_3 浓度 1 小时平均值均没有超过 160 μg/m³。

2014—2019 年 O_3 浓度变化趋势大致相同，即北京市北部区域高于南部区域，城中心区域 O_3 浓度最低。具体表现为：东北部 [（68.27±8.43）μg/m³] ＞ 西北部 [（63.88±6.66）μg/m³] ＞ 西南部 [（58.01±7.55) μg/m³] ＞ 东南部 [（57.16±3.84）μg/m³] ＞ 城六区 [（53.93±9.02）μg/m³]。2014—2019 年 O_3 浓度年均值中最高浓度均出现在京东北密云水库，其浓度范围在

76.00~84.94 μg/m³。其中，最大值为 84.94 μg/m³（2014 年），比同年 35 个环境监测点平均浓度高 28.42 μg/m³；最小值为 76.00 μg/m³（2015 年），比同年 35 个环境监测点平均浓度低 18.57 μg/m³。最低浓度均出现在城中心区域的南三环西路，6 年 O_3 浓度在 25.57~44.76 μg/m³。其中，最大值为 44.76 μg/m³（2019 年），比同年 35 个环境监测点平均浓度高 15.95 μg/m³；最小值出现在 2014 年（25.57 μg/m³），比同年 35 个环境监测点平均浓度低 30.95 μg/m³。

如表 4–1 所示，对各区域 O_3 浓度进行单因素方差分析，可以看出，各区域 O_3 浓度之间差异显著（α =0.05，F=19.46，P=0.000 < 0.05）。

表 4–1　不同区域 O_3 浓度单因素方差分析

项目	df	F	P
组间	34	19.46	0.000
组内	175		
总数	209		

4.1.2　北京市 O_3 浓度季节变化特征

由图 4–1 可知，北京市 2014—2019 年 O_3 浓度季节变化特征规律一致，表现为冬季＜秋季＜春季＜夏季；6 年间夏季 O_3 浓度（89.15~95.82 μg/m³）

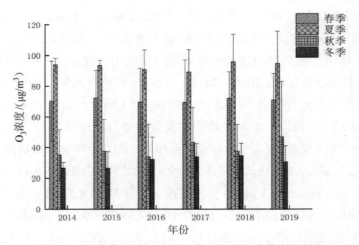

图 4–1　北京市 2014—2019 年 O_3 浓度季节变化特征

是冬季（26.44~34.58 μg/m^3）的 2.06~3.54 倍。2017 年浮动范围最小，表现为夏季［（89.15 ± 14.44）μg/m^3］> 春季［（69.32 ± 27.71）μg/m^3］> 秋季［（43.14 ± 23.04）μg/m^3］> 冬季［（33.66 ± 8.79）μg/m^3］，夏季比冬季高 55.49 μg/m^3，是其的 2.06 倍；2014 年浮动范围最大，表现为夏季［（94.11 ± 4.03）μg/m^3］> 春季［（70.24 ± 26.10）μg/m^3］> 秋季［（35.13 ± 16.45）μg/m^3］> 冬季［（26.58 ± 3.71）μg/m^3］，夏季是冬季的 3.54 倍。

北京春季温度开始逐渐上升，太阳辐射强度随之升高，促进生成 O$_3$ 的光化学反应，且此时非采暖季，NO 排放减少，不会削弱 O$_3$ 的生成。夏季是一年中温度最高、太阳辐射最强的季节，进而促进光化学反应，O$_3$ 浓度达到最高。秋季温度逐渐降低，光强减弱，导致光化学反应随之减弱，且北京秋季风速较大，加速 O$_3$ 等污染物的扩散。冬季温度低，太阳辐射量少，且城市工厂废气排放、汽车尾气排放和采暖季煤燃烧是 NO$_x$ 的主要来源（王丽琼，2017），其中，O$_3$ 会被 NO 作为还原物质而消耗，降低 O$_3$ 浓度。春秋两季气象条件较为稳定，因此，O$_3$ 浓度表现出夏季最高、冬季最低的趋势。

由图 4-2 可以看出，35 个环境监测点的季节变化特征与 2014—2019 年 O$_3$ 浓度的季节变化特征一致，均为冬季最低，夏季最高。6 年中 O$_3$ 浓度季节平均值表现为东北部最高（26.65~127.67 μg/m^3），城六区最低（10.10~113.79 μg/m^3），这与 2014—2019 年北京市 O$_3$ 空间分布情况相同。

其中，最高浓度 71% 为京东北密云水库，属于东北部地区；最低 O$_3$ 浓度 71% 为南三环西路，属于城六区。春季时最高 O$_3$ 浓度出现在京东北密云水库（2015 年，110.28 μg/m^3），是同年最低浓度（南三环西路，35.87 μg/m^3）的 3.1 倍；最低浓度出现在南三环西路（2014 年，26.22 μg/m^3），比同年最高浓度（京东北密云水库，103.81 μg/m^3）低 74.7%。夏季时最高 O$_3$ 浓度出现在平谷镇（2018 年，127.67 μg/m^3），比同年最低浓度（南三环西路，61.72 μg/m^3）高 65.95 μg/m^3；最低浓度出现在南三环西路（2015 年，46.39 μg/m^3），比同年最高浓度（平谷镇，114.27 μg/m^3）低 67.88 μg/m^3。秋季时最高 O$_3$ 浓度出现在京东北密云水库（2019 年，69.42 μg/m^3），最低浓度出现在海淀北部新区（2015 年，13.26 μg/m^3）。冬季时最高 O$_3$ 浓度出现在京东北密云水库（2018 年，55.32 μg/m^3），最低浓度出现在海淀北部新区（2015 年，13.05 μg/m^3）。

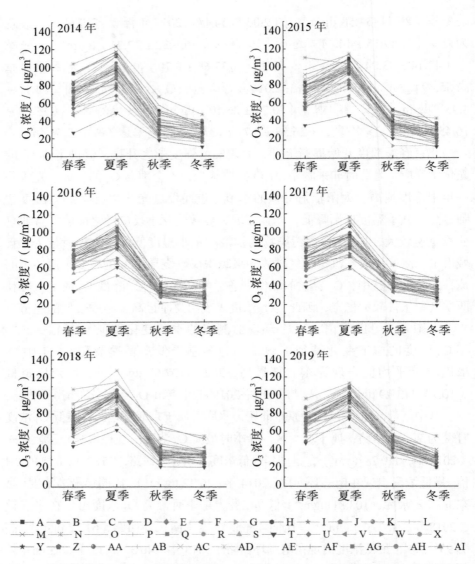

注：A– 朝阳奥体中心，B – 朝阳农展馆，C – 东城东四，D – 东城天坛，E – 丰台花园，
F– 丰台云冈，G– 海淀北部新区，H– 海淀北京植物园，I– 海淀万柳，J– 石景山古城，
K– 西城官园，L– 西城万寿寺西宫，M– 昌平定陵，N– 京东北密云水库，O– 京东
东高村，P– 京东南永乐店，Q– 京西北八达岭，R– 京西南琉璃河，S– 东四环北路，
T– 南三环西路，U– 前门东大街，V– 西直门北大街，W– 永定门内大街，X– 昌平镇，
Y– 大兴黄村镇，Z– 房山良乡，AA– 怀柔镇，AB– 门头沟龙泉镇，AC– 密云镇，
AD– 平谷镇，AE– 顺义新城，AF– 通州新城，AG – 延庆镇，AH– 亦庄开发区，
AI– 京南榆垡。

图 4–2　北京市 2014—2019 年 35 个环境监测点 O$_3$ 浓度季节变化特征

4.1.3　北京市 O₃ 浓度月变化特征

由图 4–3 可知，北京市 O₃ 浓度月变化规律较为一致，即呈倒 U 型，1—6 月逐渐上升，6 月达到峰值，之后 6—12 月逐渐下降。2014 年 5 月 O₃ 浓度最高（210.44 μg/m³），是最低浓度（1 月，47.97 μg/m³）的 4.4 倍，其次是 7 月，为 209.75 μg/m³，比 1 月高 161.78 μg/m³。2015 年 7 月 O₃ 浓度最高（208.46 μg/m³），最低浓度在 12 月（36.60 μg/m³），比 7 月低 171.86 μg/m³。2016 年 6 月 O₃ 浓度最高（220.02 μg/m³），比最低月份（11 月，38.44 μg/m³）高 181.58 μg/m³。2017 年 O₃ 最高浓度为 6 月（218.93 μg/m³），是最低浓度（12 月，58.07 μg/m³）的 3.8 倍。2018 年 6 月 O₃ 浓度最高（248.77 μg/m³），比最低月份（11 月，41.87 μg/m³）高 206.90 μg/m³。2019 年 6 月 O₃ 浓度最高（242.01 μg/m³），是最低浓度（11 月，41.10 μg/m³）的 5.9 倍。由此可见，O₃ 浓度月变化特征明显，2016—2019 年 O₃ 浓度峰值均出现在 6 月，最低浓度出现在 1 月、11 月、12 月，峰值是谷值的 3.8~5.9 倍。

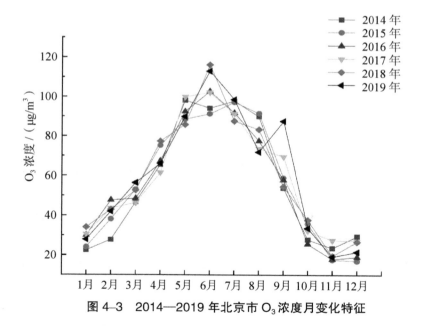

图 4–3　2014—2019 年北京市 O₃ 浓度月变化特征

4.1.4 讨论

北京市 2014—2019 年 O_3 浓度逐年增加，但增长幅度不大，均保持在国家一级标准以下，这得益于北京市采取的相关有效节能减排方法和控制手段。O_3 等气体污染物的来源主要是工业排放，其后是电力和居民生活排放（李景鑫 等，2017）。2013 年，北京市发布了《北京市 2013—2017 年清洁空气行动计划》，实施了一系列有效措施，如能源治理与防控、区域联防联控、工业及建筑业整治等，有效地控制了污染物浓度增长速度。

（1）北京市 O_3 浓度时间变化特征

北京市 2014—2019 年 O_3 浓度时间变化呈现基本一致的特征，与 PM2.5、NO_x、SO_2 等污染物的时间变化表现出相反的趋势，即夏季 O_3 浓度最高，其后是春季、秋季，冬季 O_3 浓度最低。空气中的 O_3 源于 NO_x 和 VOC_s 的光化学反应，大气环境中的 NO_x 排放量持续下降，但 O_3 浓度逐年上升，VOC_s 与 NO_x 的比例失衡可能是导致 O_3 污染逐步加剧的重要原因。仅用 NO_x 排放趋势不能全面地解释 O_3 浓度的增加趋势（徐家洛，2021），O_3 污染仍受到区域背景浓度、天然排放源和地形气象条件等其他客观因素的影响。

（2）北京市 O_3 浓度空间变化特征

北京市 2014—2019 年 O_3 浓度空间变化特征大致相同，由北到南依次减弱，城区外围 O_3 浓度整体大于城中心，这与排放源和气象条件有关。北京的地势特点为西北部高于东南部，东南部属于平原地区，而北部为燕山山脉的军都山，两山相交于南口关沟，形成一个半圆形大山弯，向东南展开，污染物更容易集聚于此。O_3 浓度空间变化趋势与北京市空气质量变化趋势有所不同，北京市空气质量由北向南逐渐变差，与 NO_x、SO_2 等污染物的空间变化趋势也相反。刘俊秀（2016）等利用 ARRGIS 系统，通过空间插值法研究北京市 SO_2 浓度空间分布特征时发现，NO_x、SO_2 和 PM2.5 等大气污染物呈现南部和中部城区高、北部区域低的趋势，而 O_3 则大不相同，表现为北部高、南部低，这与本研究发现 O_3 浓度在空间分布上呈现南低北高的特征相同。O_3 浓度呈现北部高、南部低的趋势，且在夏季最为明显。有研究表明，北京南部的大气气溶胶厚度（AOD）高于北京北部地区（Fujita et al.，2003），说明北京北部地区地表太阳辐射强度强于北京南部，更有利于光化

学反应生成 O_3。此外，由于北京北部植被的存在，较高的 VOC_S 排放有利于 O_3 的形成（Lin et al.，2012）。

4.1.5　小结

北京市 2014—2019 年 O_3 浓度整体呈现逐年上升的趋势，表现为 2019 年 [（60.71 ± 8.06）$\mu g/m^3$] > 2018 年 [（59.93 ± 9.12）$\mu g/m^3$] > 2017 年 [（58.82 ± 9.02）$\mu g/m^3$] > 2015 年 [（57.43 ± 10.16）$\mu g/m^3$] > 2016 年 [（56.59 ± 9.10）$\mu g/m^3$] > 2014 年 [（56.52 ± 11.69）$\mu g/m^3$]，但最大浓度值均没有超过国家一级标准。北京市整体 O_3 浓度季节变化呈现夏季最高，其后为春季、秋季，最低 O_3 浓度出现在冬季。北京市 O_3 浓度月变化呈倒 U 型，浓度峰值出现在 6 月、7 月。分析整个北京市 O_3 浓度空间变化得出：东北部 [（68.27 ± 8.43）$\mu g/m^3$] > 西北部 [（63.88 ± 6.66）$\mu g/m^3$] > 西南部 [（58.01 ± 7.55）$\mu g/m^3$] > 东南部 [（57.16 ± 3.84）$\mu g/m^3$] > 城六区 [（53.93 ± 9.02）$\mu g/m^3$]。其中，O_3 浓度由北向南呈现递减的趋势，东北部 O_3 浓度最高，而城市中心区域 O_3 浓度最低。各个区域 O_3 浓度存在显著差异（α =0.05，P < 0.05），浓度范围在 53.93~68.27 $\mu g/m^3$，东北部 O_3 浓度比城六区高 21.01%。

4.2　城市森林内外 O_3 浓度变化特征

4.2.1　植被区与非植被区 O_3 浓度变化特征

4.2.1.1　植被区与非植被区 O_3 浓度时间变化特征比较

（1）植被区与非植被区 O_3 浓度年变化特征对比

由图 4-4 可知，5 对植被区与非植被区监测点中，除京西北八达岭和延庆镇对照组 2014—2019 年 6 年年均值为植被区 [（58.04 ± 3.96）$\mu g/m^3$] < 非植被区 [（65.35 ± 3.33）$\mu g/m^3$]，二者相差 11.19% 外，其他 4 组对照组年均值均为植被区 [（70.40 ± 1.27）$\mu g/m^3$] > 非植被区 [（59.54 ± 2.25）$\mu g/m^3$]，

相差 15.55%；京东北密云水库 [（79.53 ± 6.57）μg/m³] > 密云镇 [（65.80 ± 1.96）μg/m³]、昌平定陵 [（72.11 ± 3.76）μg/m³] > 昌平镇 [（60.02 ± 4.51）μg/m³]、海淀北京植物园 [（66.55 ± 4.75）μg/m³] > 海淀万柳 [（52.84 ± 6.22）μg/m³]、门头沟龙泉镇 [（63.42 ± 6.06）μg/m³] > 石景山古城 [（59.49 ± 1.42）μg/m³]。除京西北八达岭和延庆镇对照组植被区比非植被区低 11.19% 外，其他植被区 O₃ 浓度比非植被区分别高 17.26%、16.77%、21.14% 和 6.20%。对照组中海淀北京植物园和海淀万柳差异最大，门头沟龙泉镇和石景山古城则最小，表明城市森林对 O₃ 浓度有所影响。

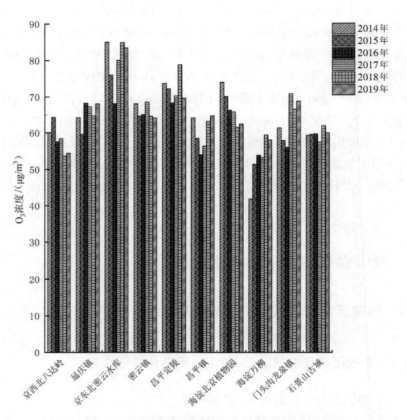

图 4-4　植被区与非植被区 O₃ 浓度年际变化

2014—2019 年植被区 O₃ 浓度平均值分别为 70.76、68.04、63.19、68.99、68.98、67.63 μg/m³，非植被区分别为 59.45、58.61、60.09、60.50、62.68、62.87 μg/m³，比植被区分别低 15.98%、13.86%、4.91%、12.31%、9.13%

和 7.04%。由上述结果可知，植被区 O$_3$ 浓度高于非植被区。植被区植被较多，会排放更多 VOC$_8$，使 O$_3$ 浓度增加。

（2）植被区与非植被区 O$_3$ 浓度季节变化特征对比

由图 4-5 可知，5 对植被区与非植被区 2014—2019 年 O$_3$ 浓度季节变化趋势一致，均呈倒 U 型，夏季 O$_3$ 浓度最高，冬季则最低。2014—2019 年夏季植被区 O$_3$ 浓度在 94.49~109.97 μg/m^3，冬季在 35.41~43.87 μg/m^3，与夏季相差 55.70%~66.61%。夏季非植被区 O$_3$ 浓度在 91.45~101.66 μg/m^3，冬季在 27.63~36.38 μg/m^3，比夏季低 60.22%~72.44%。6 年中植被区 O$_3$ 浓度夏季和冬季的差异均大于非植被区，原因可能是植被生长状况不同。

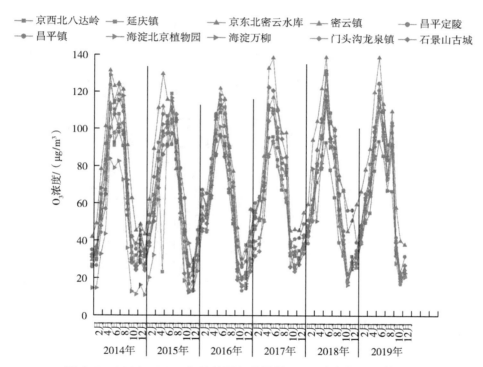

图 4-5　2014—2019 年植被区与非植被区 O$_3$ 浓度年际季节变化

4.2.1.2　植被区与非植被区 O$_3$ 浓度空间变化特征比较

由表 4-2 可知 2014—2019 年各监测点 O$_3$ 浓度变化情况，6 年间各区域 O$_3$ 浓度年均值从低到高依次为海淀区（59.70 μg/m^3）＜门头沟区 / 石景山区（61.45 μg/m^3）＜延庆区（61.70 μg/m^3）＜昌平区（66.07 μg/m^3）＜

密云区（72.67 μg/m³）。植被区 O_3 浓度年均值由低到高依次为京西北八达岭（58.04 μg/m³）＜门头沟龙泉镇（63.42 μg/m³）＜海淀北京植物园（66.55 μg/m³）＜昌平定陵（72.11 μg/m³）＜京东北密云水库（79.53 μg/m³）；非植被区 O_3 浓度年均值由低到高依次为海淀万柳（52.84 μg/m³）＜石景山古城（59.49 μg/m³）＜昌平镇（60.02 μg/m³）＜延庆镇（65.35 μg/m³）＜密云镇（65.80 μg/m³）。石景山区和海淀区属于城六区，昌平区和延庆区属于西北部地区，密云区属于东北部地区，植被区与非植被区的 O_3 浓度表现为城六区＜西北部＜东北部，与 4.1.1 节中北京市 O_3 浓度区域背景值高度耦合（除植被区中京西北八达岭稍小于门头沟龙泉镇）。不同区域 O_3 浓度梯度差异明显，O_3 浓度最高区域（东北部的密云区）比最低区域（城六区的海淀区）高 17.85%，植被区比非植被区高 6.20%~21.14%（京西北八达岭比延庆镇低 11.19%）。

表 4–2　植被区与非植被区 O_3 浓度空间分布

单位：μg/m³

对照点	延庆区		密云区		昌平区		海淀区		门头沟区／石景山区	
	1	2	3	4	5	6	7	8	9	10
2014 年	60.08	64.28	84.94	68.06	73.68	64.01	73.91	41.72	61.20	59.17
2015 年	64.38	59.50	76.00	64.60	72.15	58.33	69.99	51.26	57.69	59.39
2016 年	57.52	68.28	68.08	65.02	68.30	53.86	66.16	53.80	55.89	59.52
2017 年	58.35	67.27	79.93	68.52	70.23	56.23	65.68	53.16	70.74	57.31
2018 年	53.58	64.74	84.83	64.56	78.74	63.11	61.32	59.24	66.41	61.76
2019 年	54.34	68.06	83.40	64.04	69.58	64.61	62.23	57.89	68.60	59.78

4.2.2　不同污染程度城市森林 O_3 浓度变化特征

本研究中 4 组城市森林内外对照组的位置按照距离北京城市中心由近到远、人口密度由大到小及受人类活动影响程度由高到低依次为中心城区、近郊区、远郊区。本研究中西山国家森林公园和大兴南海子公园属于近郊区域，但其城市功能分区有所差异，西山国家森林公园属于浅山区，园内植被覆盖率较高，空气质量优；而大兴南海子公园属于开发区，附近有较多工厂，工业排放源较多。因此，按照地理特征可以将4个对照点归纳为朝阳公园—城市中心区、大兴南海子—近郊开发区、西山国家森林公园—近郊浅山区、松山自然保护区—远郊区。由上文可知，北京市整体 O_3 浓度呈现东北部＞西北部＞西南部＞东南部＞城六区的空间分布情况，可以推断其对应的4个站点浓度特征基本一致，即松山自然保护区（远郊区）＞大兴南海子公园（近郊开发区）＞西山国家森林公园（近郊浅山区）和朝阳公园（城市中心区）。各个区域 O_3 浓度分布情况不同，故而4个站点所代表的不同污染环境的城市森林与北京市整体 O_3 浓度分布特征会有所差异，4个站点按照其地理方位划分依次属于城六区（西山国家森林公园、朝阳公园）、东南部（大兴南海子公园）、西北部（松山自然保护区），西山国家森林公园和朝阳公园位于同一个大区域，应该对其环境背景浓度做进一步细化，朝阳公园位于朝阳区，其背景浓度为（ 60.01 ± 32.86 ） $\mu g/m^3$ ，西山国家森林公园位于海淀区，其背景浓度为（ 55.51 ± 29.98 ） $\mu g/m^3$ ，小于朝阳区背景浓度。故按照背景浓度，4个站点 O_3 浓度由高至低应为松山自然保护区（远郊区）＞大兴南海子公园（近郊开发区）＞朝阳公园（城市中心区）＞西山国家森林公园（近郊浅山区）。

从图4-6可以看出，1—4月4个站点 O_3 浓度变化特征与北京市整体 O_3 浓度空间变化特征（东北部＞西北部＞西南部＞东南部＞城六区）大致相同，其余月份与背景浓度规律有所不同，说明城市森林对 O_3 浓度起到一定的调控作用。4个不同污染程度的城市森林年均 O_3 浓度具体表现为松山自然保护区［（ 86.36 ± 36.17 ） $\mu g/m^3$ ］＞西山国家森林公园［（ 74.75 ± 48.42 ） $\mu g/m^3$ ］＞大兴南海子公园［（ 60.16 ± 25.52 ） $\mu g/m^3$ ］＞朝阳公园［（ 57.47 ± 39.47 ） $\mu g/m^3$ ］。

整体来看，O_3 浓度随着与市中心距离增加而变化，监测点距城市中心越远，O_3 浓度越高，远郊 O_3 浓度最高。

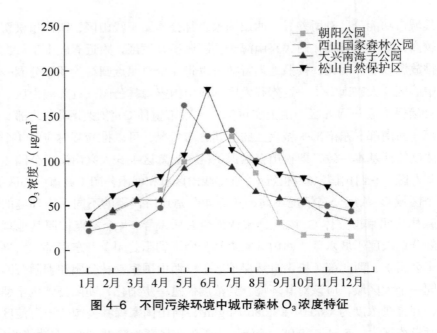

图 4-6 不同污染环境中城市森林 O_3 浓度特征

4.2.3 城市森林内外 O_3 浓度时空分布特征

由图 4-7 可知，4 组城市森林内外对照点年均 O_3 浓度除朝阳公园和朝阳农展馆外，其他 3 组对照点城市森林内部 O_3 浓度均高于林外。具体表现为：朝阳农展馆（林外）[（60.42 ± 33.89）$\mu g/m^3$] 比朝阳公园（林内）[（57.47 ± 39.47）$\mu g/m^3$] 高出 2.95 $\mu g/m^3$；北京植物园（林外）O_3 浓度 [（65.68 ± 30.63）$\mu g/m^3$] 相比西山国家森林公园（林内）[（74.75 ± 48.42）$\mu g/m^3$] 低 9.07 $\mu g/m^3$；亦庄开发区（林外）O_3 浓度 [（59.09 ± 29.91）$\mu g/m^3$] 比大兴南海子公园（林内）[（60.16 ± 25.52）$\mu g/m^3$] 低 1.07 $\mu g/m^3$；延庆镇（林外）O_3 浓度 [（67.27 ± 28.04）$\mu g/m^3$] 比松山自然保护区（林内）[（86.36 ± 36.17）$\mu g/m^3$] 低 22.11%。

4 组对照点城市森林内外 O_3 浓度季节差异性显著，均呈倒 U 型变化，为冬季 < 秋季 < 春季 < 夏季，与北京市 2014—2019 年整体 O_3 浓度趋势基本吻合。总体上，林内 O_3 浓度高于林外。朝阳公园秋季 O_3 浓度（20.58 $\mu g/m^3$）与冬季（28.68 $\mu g/m^3$）相差 8.10 $\mu g/m^3$；夏季（107.28 $\mu g/m^3$）最高，比春季（73.33 $\mu g/m^3$）高 33.95 $\mu g/m^3$，同时比朝阳农展馆夏季 O_3 浓度（94.22 $\mu g/m^3$）高 13.06$\mu g/m^3$。西山国家森林公园（119.74 $\mu g/m^3$）比

北京植物园（林外）夏季 O_3 浓度（97.12 μg/m³）高 22.62 μg/m³，冬季北京植物园（林外）（36.33 μg/m³）比西山国家森林公园（30.14 μg/m³）高出6.19 μg/m³。夏季亦庄开发区 O_3 浓度（86.76 μg/m³）比大兴南海子公园（88.88 μg/m³）低 2.12 μg/m³，冬季比其低 3.01 μg/m³。春季松山自然保护区（87.51 μg/m³）比延庆镇 O_3 浓度（81.23 μg/m³）高 6.28 μg/m³，秋季比其高 29.37 μg/m³。

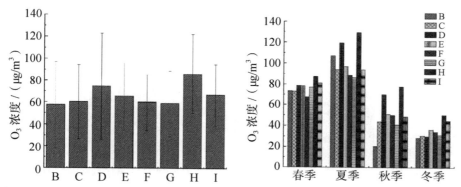

注：B– 朝阳公园，C– 朝阳农展馆，D– 西山国家森林公园，E– 北京植物园（林外），
F– 大兴南海子公园，G– 亦庄开发区，H– 松山自然保护区，I– 延庆镇。

图 4-7　城市森林内外 O_3 浓度年、季节变化特征

总体来看，秋季朝阳公园（林内） O_3 浓度比朝阳农展馆（林外）低23.16 μg/m³，冬季低 2.03 μg/m³，春季大兴南海子公园（林内）比亦庄开发区（林外）低 9.72 μg/m³，其他情况下均为林内大于林外，相差范围在 0.19~35.28 μg/m³。其中，朝阳公园（林内）比朝阳农展馆（林外）高 0.34~13.06 μg/m³；西山国家森林公园（林内）比北京植物园（林外）高 0.19~22.61 μg/m³；大兴南海子公园（林内）比亦庄开发区（林外）高 2.12~8.87 μg/m³；松山自然保护区（林内）比延庆镇（林外）高 5.45~35.28 μg/m³。大兴南海子公园与亦庄开发区（林外）浮动范围最小，松山保护区与延庆镇（林外）浮动范围最大。

由图 4-8 可以看出，4 组林内外对照点的 O_3 浓度月均值大部分表现为林内＞林外，小部分出现相反规律，相差范围在 0.82~69.52 μg/m³，林内中位数为 59.16 μg/m³，林外中位数为 64.46 μg/m³。朝阳公园 O_3 浓度月均值是朝阳农展馆的 1.03~1.29 倍，其中 9 月朝阳农展馆（76.98 μg/m³）比朝阳公园（30.11 μg/m³）高 46.87 μg/m³，相差最多，且与整体规律不一致；4 月相差最少，林内（66.85 μg/m³）比林外（66.03 μg/m³）高 0.82 μg/m³。西山国家森林公园 O₃ 浓度月均值是北京植物园（林外）的 1.14~1.44 倍，5 月相差最多（49.02 μg/m³）；11 月相差最少（11.31 μg/m³）。大兴南海子公园是亦庄开发区的 1.02~1.66 倍，最多相差 21.50 μg/m³（10 月），最少相差 3.53 μg/m³（7 月）。松山自然保护区是延庆镇的 1.09~2.19 倍，其中 2 月林内（60.92 μg/m³）比林外（55.92 μg/m³）高 5.00 μg/m³，6 月相差最多（69.52 μg/m³）。城市森林林内 O₃ 浓度月均值是林外的 1.01~2.19 倍。

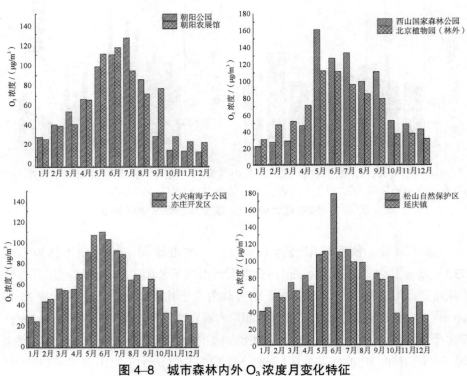

图 4-8　城市森林内外 O₃ 浓度月变化特征

对这 4 组对照点的 O₃ 浓度进行独立样本 t 检验可以看出，林内外对照点 O₃ 浓度无显著性差异（$P=0.589$）。

4.2.4 讨论

（1）植被区与非植被区 O_3 浓度差异性

本研究发现，植被区与非植被区 O_3 浓度分布与北京市 O_3 浓度时空分布特征基本一致，表明区域背景浓度能够影响城市森林 O_3 浓度变化。对 O_3 浓度进行年际、季节变化特征分析发现，2014—2019 年北京市 O_3 浓度呈倒 U 型分布，植被区 O_3 浓度 > 非植被区。有学者对与本研究相同的 5 组对照点的 PM2.5 浓度进行分析发现（Chen et al.，2016），植被区 PM2.5 浓度（67.00 μg/m³）< 非植被区（78.02 μg/m³）。PM2.5 具有消光作用，能够吸收和散射一部分太阳辐射，弱化近地面的太阳辐射强度，减弱紫外线强度（谢观雷 等，2019）。PM2.5 浓度升高会减慢光化学反应过程，使 O_3 浓度下降，反之，PM2.5 浓度降低会加速光化学反应，使 O_3 浓度上升（丁国香 等，2014），这与本研究结论一致。

（2）不同污染环境 O_3 浓度差异性

本研究对不同污染环境下城市森林 O_3 浓度进行多重比较分析，发现各区域的林内 O_3 浓度大多呈显著性差异，而且不同环境下的 O_3 浓度分布与其对应的区域环境背景浓度有所差异，其原因可能是除环境背景浓度的影响外，O_3 浓度的变化也受到植被信息、人类活动和工业生产活动等其他因素的影响。某对照点的 O_3 浓度过高，可能与其背景浓度、污染物传输过程、风速及植物 VOC_s 的排放增加有关。城市中心区域 O_3 浓度较低的原因可能是城市中心机动车数量较多，其排放 NO_x 更多，会消耗大部分 O_3，致使城市中心 O_3 浓度相对较低。有研究表明，城市森林绿化量、盖度及郁闭度等因素都会影响污染物的浓度（Tallis et al.，2011），且不同城市森林的林分组成也会有所差异，树种及其配置模式都会对 O_3 浓度造成不同的影响。

（3）城市森林内外 O_3 浓度差异性

有研究表明（王希波 等，2007），人口密集的城区和工业区污染相对比较严重，与本研究结论一致。对城市森林内外 O_3 浓度进行对比分析发现，O_3 浓度一直表现为林内 > 林外，且具有相似的年变化趋势，呈倒 U 型变化，春夏季高于秋冬季。林内外 O_3 浓度差异明显，且显著相关。林外监测点位于城市生活区，植被较少，NO_x 和 PM2.5 浓度较高，PM2.5 浓度高抑制光化学反应生成 O_3，故 O_3 浓度较低。森林植被可以影响 O_3 等气体污染物的浓度（Chen et al.，2016），林内对照点植被覆盖率相对林外较高，VOC_S 含量较高，PM2.5 浓度较林外低，故而 O_3 浓度表现为林内 > 林外。

4.2.5 小结

植被区与非植被区 O_3 浓度差异明显，表现为 4 组对照点 O_3 浓度年均值均为植被区 [（70.40 ± 1.27）μg/m³] > 非植被区 [（59.54 ± 2.25）μg/m³]，京西北八达岭和延庆镇对照组略有不同，2014—2019 年 6 年年均值为植被区 [（58.04 ± 3.96）μg/m³] < 非植被区 [（65.35 ± 3.33）μg/m³]。

不同污染程度城市森林 O_3 浓度有所差异：远郊清洁区 [（86.36 ± 36.17）μg/m³] > 近郊浅山区 [（74.75 ± 48.42）μg/m³] > 近郊开发区 [（60.16 ± 25.52）μg/m³] > 城市中心区 [（57.47 ± 39.47）μg/m³]。

城市森林内外 O_3 浓度与 2014—2019 年北京市整体 O_3 浓度年际月变化趋势基本保持一致，均呈倒 U 型趋势。城市森林内外 O_3 浓度季节变化趋势基本表现为夏季 > 春季 > 秋季 > 冬季。城市森林内外 O_3 浓度具体表现为林内 > 林外。4 组城市森林内外对照点 O_3 浓度均表现为显著性差异（α=0.05，Sig=0.014、0.038、0.005、0.009，均小于 0.05）。月份不同，O_3 浓度有所不同，故而城市森林内外 O_3 浓度的差异性也会有所不同，即城市森林中 O_3 浓度变化特征受到环境背景浓度的影响。

4.3　城市森林内外 O_3 浓度与气象因子的关系

4.3.1　O_3 浓度与风的关系

如表 4–3 所示，利用 Pearson 相关系数确定一年四季林内外 O_3 浓度与风速的相关性，结果表明，四季林内外 O_3 浓度与风速均呈显著正相关，林内四季 O_3 浓度与风速均在 0.01 水平上呈正相关，相关系数分别为 0.358、0.665、0.779、0.673，林外相关系数分别为 0.293（0.05 水平）、0.598（0.01 水平）、

0.183、0.735（0.01 水平）。四季 O₃ 浓度与风速均呈正相关，故针对一个季节进行详细分析。

表 4-3　林内外 O₃ 浓度与风速相关性分析

风速 / (m/s)		林内 O₃ 浓度				林外 O₃ 浓度			
		春季	夏季	秋季	冬季	春季	夏季	秋季	冬季
风速 /(m/s)	1	0.358**	0.665**	0.779**	0.673**	0.293*	0.598**	0.183	0.735**

注：** 在 0.01 级别（双尾）相关性显著；* 在 0.05 级别（双尾）相关性显著。

2017 年 2 月 8 日 6：00 至 11 日 6：00 总降水量为 0，所有时段温度在 –4.7~4.9 ℃，71% 时段空气相对湿度保持在 35%~68%，风速为 0.4~2.2 m/s，风速达到二级。如图 4-9 所示，林内外 O₃ 浓度均随着风速增大而升高，随着风速减小而降低。2 月 8 日 10：00—15：00 风速比较平稳，为 1.8 m/s，随后 16：00 风速达到最高值（2.2 m/s），此时林内外 O₃ 浓度也达到最高值，依次为 89.25 μg/m³ 和 87.00 μg/m³，林内外 O₃ 浓度比 10：00 时（林内 75.61 μg/m³，林外 72.00 μg/m³）分别增加 13.64 μg/m³ 和 15.00 μg/m³，升高幅度为 15.28% 和 17.24%，比 15：00（林内 86.49 μg/m³，林外 85 μg/m³）分别增加 2.76 μg/m³ 和 2.00 μg/m³；随后风速下降，O₃ 浓度随即下降，17：00 O₃ 浓度（林内 86.96 μg/m³，林外 84 μg/m³）比 16：00（林内 89.25 μg/m³，林外 87.00 μg/m³）下降 2.29 μg/m³ 和 3.00 μg/m³，基本恢复到 15：00 的浓度，到 2 月 9 日 0：00 风速有了明显减小的趋势，O₃ 浓度也随之呈现下降的趋势，从前一日 23：00（74.20 μg/m³、71.00 μg/m³）到此时（66.24 μg/m³、64 μg/m³）分别下降了 10.73% 和 9.86%，在这 1 小时之内，风速从 1.3 m/s 降至 0.9 m/s，随后 O₃ 浓度一直随着风速的增强而增加，一直到 2 月 10 日，风速降到 0.4 m/s，O₃ 一直下降到最低点，最低 O₃ 浓度出现在 2 月 11 日 6：00，林内外浓度为 34.89 μg/m³ 和 33.00 μg/m³，比最大风速（8 日 16：00，2.2 m/s）时分别减少了 54.36 μg/m³ 和 54 μg/m³，下降率达到 60.91%、62.07%，O₃ 浓度下降幅度较大。

对城市森林内外的 O₃ 浓度与风速的关系进行相关性分析得知，风速与 O₃ 浓度呈显著正相关（表 4-3），林内：$P=0.000$，$R=0.673$；林外：$P=0.000$，$R=0.735$。由此可见，城市森林内外 O₃ 浓度受风速的影响程度有所不同，林外受到的影响比林内明显。

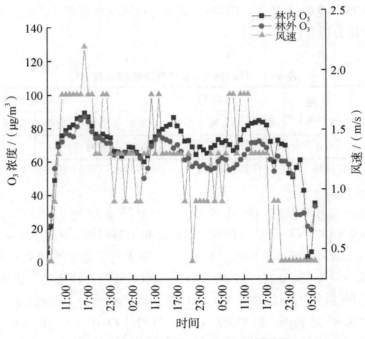

图 4–9　林内外大风天气下 O₃ 浓度变化

4.3.2　O₃ 浓度与温度的关系

利用 Pearson 相关系数来确定一年四季林内外 O₃ 浓度与温度的相关性，结果表明，四季林内外 O₃ 浓度与温度均在 0.01 水平上呈显著正相关，林内四季 O₃ 浓度与温度的相关系数分别为 0.770、0.885、0.810、0.588，林外相关系数分别为 0.765、0.856、0.791、0.530（表 4–4）。四季 O₃ 浓度与温度均呈正相关，故针对一个季节进行详细分析。

表 4–4　林内外 O₃ 浓度与温度相关性分析

	温度 /℃	林内 O₃ 浓度				林外 O₃ 浓度			
		春季	夏季	秋季	冬季	春季	夏季	秋季	冬季
温度 /℃	1	0.770**	0.885**	0.810**	0.588**	0.765**	0.856**	0.791**	0.530**

注：** 在 0.01 级别（双尾）相关性显著。

选择 2017 年 9 月 1—3 日的 O₃ 浓度及气象数据来进行城市森林内外温度对 O₃ 浓度影响的研究。所选时段内降水量为 0，相对湿度在 56%~97%，大多数时段基本无风，少数时间有风，风速在 0.4 m/s 以下，温度在 17.7~27.2 ℃，温差相对较大，故该时段气象条件可以用来分析城市森林内外温度与 O₃ 浓度的相关性。

由图 4–10 可以看出，温度变化与 O₃ 浓度呈正相关，随着温度增加，O₃ 浓度不断升高，增长率呈现逐渐变大的趋势。9 月 1—3 日城市森林内外的 O₃ 浓度及温度变化趋势和范围基本相同，城市森林内外 O₃ 浓度均随着温度的升高而上升，随温度的下降而降低。所选 3 天时间中每天 15：00 左右会各自出现一个温度峰值，分别为 26.4、27.2、27.1 ℃，每日该时间所对应的 O₃ 浓度也会出现一个峰值，但林内外 O₃ 浓度峰值表现时间有所不同，相对于温度出现峰值的时间，林内 O₃ 浓度峰值会滞后 1~2 小时，具体分别出现在 16：00（73.97 μg/m³）、16：00（62.29 μg/m³）、17：00（94.95 μg/m³）；林外 O₃ 浓度峰值没有明显的滞后性，峰值分别表现为 15：00（160.00 μg/m³）、14：00（146.00 μg/m³）、16：00（170.00 μg/m³）。

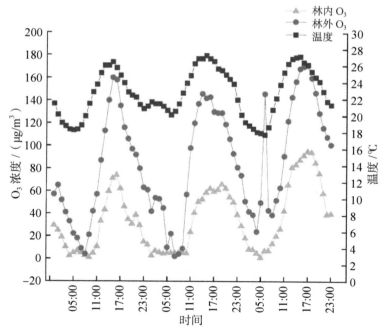

图 4–10　温度对林内外 O₃ 浓度的影响

对 9 月 1—3 日城市森林内外 O_3 浓度与各个气象因素数据进行相关性分析，发现林内外 O_3 浓度均与温度呈显著正相关（林内：$P=0.000$，$R=0.810$；林外 $P=0.000$，$R=0.791$），可以看出，温度对林内外 O_3 浓度的影响显著性相近，林内比林外略显著（表 4-4）。所选 3 日内的 O_3 浓度除与湿度呈负相关之外（林内：$P=0.000$，$R=-0.868$；林外 $P=0.000$，$R=-0.821$），与降水和风速无显著关系（$P > 0.05$，$R < 0.50$），说明在其他气象条件相对稳定的情况下，当温度升高时，城市森林内外 O_3 浓度会随温度的升高和下降产生与之相同的变化趋势，且林内受到的影响比林外明显。

4.3.3　O_3 浓度与相对湿度的关系

利用 Pearson 相关系数来确定一年四季林内外 O_3 浓度与相对湿度的相关性，结果表明，四季林内外 O_3 浓度与相对湿度均在 0.01 水平上呈显著负相关，林内春季、夏季、秋季和冬季 O_3 浓度与相对湿度的相关系数分别为 -0.675、-0.683、-0.740、-0.848，林外相关系数分别为 -0.579、-0.650、-0.502、-0.724（表 4-5）。四季 O_3 浓度与相对湿度均呈负相关，故针对一个季节进行详细分析。

表 4-5　相对湿度与林内外 O_3 浓度的相关性分析

相对湿度 /%		林内 O_3 浓度				林外 O_3 浓度			
		春季	夏季	秋季	冬季	春季	夏季	秋季	冬季
相对湿度 /%	1	-0.675**	-0.683**	-0.740**	-0.848**	-0.579**	-0.650**	-0.502**	-0.724**

选取 2017 年 8 月 29—31 日城市森林内外 O_3 浓度数据及气象数据，所选日期内降水量为 0，几乎无风，30% 时段风速在 0.4~0.9 m/s，平均气温为 21.46 ℃，温度最高为 26.7 ℃，最低为 14.4 ℃，相差 12.3 ℃，平均相对湿度为 72.14%，其中相对湿度最高达到 95%，最低为 32%，相差 63%。除相对湿度变化幅度较大之外，温度、风速、降水量等其他气象因子均保持在相对稳定的状态。

图 4-11 为城市森林内外相对湿度与 O_3 浓度的变化趋势。从图中

可以看出，林内外相对湿度与 O_3 浓度均呈负相关，相对湿度越大，O_3 浓度越低；相对湿度越小，O_3 浓度越高。具体表现为：8 月 30 日 7：00 相对湿度为 3 天中最大值（95%），其对应的城市森林内外 O_3 浓度分别为 0.87、2.00 μg/m³，是所有时段中 O_3 浓度的最低值；1 个小时后相对湿度降到 86%，林内外 O_3 浓度分别上升到 2.60、4.00 μg/m³，直到 7 小时后（14：00），相对湿度降到最低值（61%），而 O_3 浓度分别上升到 32.61、110.00 μg/m³，相较 7：00 分别增加 97.33% 和 98.18%。

可见，相对湿度与 O_3 浓度有明显的负相关性，相对湿度下降 9.5%~35.8%，城市森林内外 O_3 浓度分别上升 66.0%~97.3% 和 50.0%~98.18%。

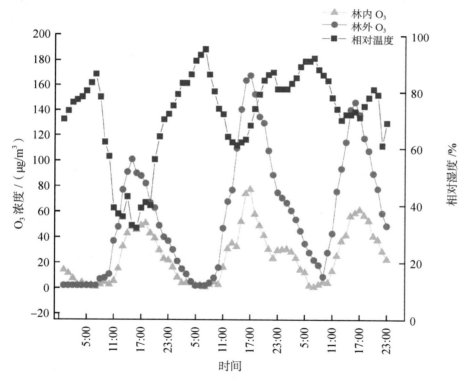

图 4-11　相对湿度对林内外 O_3 浓度的影响

如表 4-5 所示，对城市森林内外 O_3 浓度与相对湿度进行相关性分析可以发现，城市森林内外 O_3 浓度均与相对湿度呈显著性负相关（林内：$P=0.000$，$R=-0.740$；林外 $P=0.008$，$R=-0.502$），林内显著性大于林外。

城市森林内外 O_3 浓度与相对湿度的显著性有所不同，原因是林内是一个相对稳定的小气候条件，环境空间较为封闭，因此，受到相对湿度等气象条件的影响程度会大于林外。

4.3.4　讨论

气象因素可以对气体污染物起到稀释、扩散、聚集和冲洗等作用，其中包括降水量、风速、温度、相对湿度等因素，这些气象因素皆为大气污染物浓度变化的主要影响因素，且气象因素对不同污染物的影响程度不一致（Thurston et al.，2011）。城市森林内部与林外不同，植被覆盖率更高，植被枝叶茂密，自身会形成一个小气候条件，风、温度、相对湿度等因子相对较稳定，且植被自身发生蒸腾作用产生水蒸气，林内流动性较差，林内相对湿度增加，并始终保持较高的相对湿度。因此，林内 O_3 浓度可能受风速、相对湿度和大气环境温度等气象因素的影响相对较大。

（1）风速对 O_3 浓度的影响

本研究选择时段除风速变化外，其他气象因素都相对比较稳定，分析比较城市森林内外风速对 O_3 浓度的影响情况，发现 O_3 浓度变化趋势与风速基本保持一致，呈显著正相关。风速主要利用风的迁移和扩散来影响 O_3 浓度，O_3 在大气中属于不稳定气态污染物，在有风的情况下，O_3 还没来得及分解就有可能被监测到，且风速有利于扩散 NO_x 和 VOC_S，此二者是生成 O_3 的前体物；同时，由于风可以减少光化学反应，O_3 进行光化学反应的含量减少，使得 O_3 浓度升高，导致风速较大时，O_3 浓度相对升高（王伟 等，2016）。在风速相对较小时，混合作用和风对污染物的垂直输送占据主导地位（刘美玲 等，2020），因此，O_3 在近地面可以得到不断积累，浓度随之升高。

（2）温度对 O_3 浓度的影响

选取除温度外其他气象因素均保持相对稳定状态的时间段进行数据分析，结果表明，O_3 浓度与温度之间呈显著正相关。温度是太阳辐射强度的重要指标，太阳辐射强度可以影响 O_3 发生光化学反应的速度，O_3 是由前体物在太阳辐射下进行光化学反应而形成，太阳辐射越强，光化学反应越快、越明显，积累 O_3 浓度越高，这与福建省 O_3 浓度与温度之间呈正相关的结论一致（赵丽霞，2018）。温度升高会促进大气垂直方向的扩散作用，使近地

面 O_3 得到不断积累，从而浓度升高。

（3）相对湿度对 O_3 浓度的影响

O_3 浓度在低湿度的情况下更容易发生累积，其浓度与相对湿度呈负相关，O_3 浓度会随相对湿度的升高而降低，而当相对湿度下降时，O_3 浓度则会出现增高趋势。证明大气中相对湿度较高时，水蒸气的饱和度比较高，O_3 会被水蒸气中的 H 和 OH 自由基快速分解成氧分子，从而使 O_3 浓度随之下降（齐冰 等，2017；刘晶淼 等，2003）。O_3 和相对湿度的拟合度较强，呈显著负相关。

4.3.5 小结

O_3 浓度变化特征与风速和温度保持基本一致的趋势，与相对湿度变化趋势相反。O_3 浓度与风速呈显著正相关（林内：$P=0.000$，$R=0.673$；林外：$P=0.000$，$R=0.735$），风速对 O_3 浓度的影响林外比林内显著。与温度表现为正相关（林内：$P=0.000$，$R=0.810$；林外 $P=0.000$，$R=0.791$）；与相对湿度表现为负相关（林内：$P=0.000$，$R=-0.740$；林外 $P=0.008$，$R=-0.502$）。温度和相对湿度对 O_3 浓度的影响显著性为林内大于林外。

4.4 O_3 与 PM2.5、NO_x 和 NAI 的相关性分析

由前文可知，O_3 浓度变化会受到气象因素的影响，秋季气象因素相对其他季节较为稳定，故本研究选取 2018—2019 年秋季 9—11 月（为减小误差，特殊天气除外）的数据。本研究选择探究 PM2.5、NO_x 和 NAI 浓度与 O_3 浓度相关性的原因是：①全年中 60% 情况下 PM2.5 是首要污染物；② NO_x 作为 O_3 生成过程中的重要前体物，与之相关的可能性比较大；③ NAI 也叫负氧离子，是通过绿色植物的光合作用和呼吸作用产生的，而 O_3 的生成也需要通过光合作用。

如表 4-6 所示，利用 Pearson 相关系数确定 O_3 与其他气体污染物之间的关系，结果如下：O_3 浓度与 PM2.5、NO_x、NAI 浓度均在 0.01 水平上显著相关，其中 O_3 与 PM2.5、NO_x 呈显著负相关，相关系数分别为 -0.431

和 –0.564；O_3 浓度与 NAI 浓度呈显著正相关，相关系数为 0.154。4 种污染物浓度具体表现为：NAI 为（4222.04 ± 6181.65）个 /cm^3；NO_x 浓度较高，为（141.85 ± 90.83）$\mu g/m^3$，其次是 O_3 浓度，为（80.40 ± 41.78）$\mu g/m^3$，PM2.5 浓度最小，表现为（42.24 ± 24.37）$\mu g/m^3$。该结论与 Zhang 等（2018）分析 O_3 浓度与污染物关系的结论一致。

表 4–6　城市森林 O_3 浓度与大气污染物浓度的相关性分析

	O_3	PM2.5	NO_x	NAI
O_3	1			
PM2.5	–0.431[**]	1		
NO_x	–0.564[**]	0.442	1	
NAI	0.154	0.052	–0.064	1

注：** 在 0.01 水平（双侧）上显著相关。

由表 4–6 可知，O_3 浓度与 PM2.5、NO_x、NAI 浓度之间密切相关，可以相互影响。简单的 Pearson 相关系数不能够完全明确地表达出 O_3 与其他大气污染物之间的关系，还需进一步采用回归分析定量的方法来研究影响 O_3 浓度的主要因素。将 PM2.5、NO_x、NAI 浓度数据进行自变量逐步回归分析，结果表明，O_3 浓度与 NO_x 拟合度最好，回归方程为 $y = -0.259x + 117.705$（$R^2 = 0.316$）（y 为 O_3 浓度，x 为 NO_x 浓度）；其次为 PM2.5，回归方程为 $y = -0.739x + 111.632$（$R^2 = 0.186$）（y 为 O_3 浓度，x 为 PM2.5 浓度）；NAI 拟合关系较差，回归方程为 $y = 0.001x + 75.972$（$R^2 = 0.021$）（y 为 O_3 浓度，x 为 NAI 浓度）。为更加明确地探究 O_3 浓度与 PM2.5、NO_x、NAI 浓度之间的关系，下面进行逐一分析。

4.4.1　O_3 与 PM2.5 的相关性

由图 4–12 可以看出，O_3 浓度与 PM2.5 浓度表现为负相关，O_3 浓度随着 PM2.5 浓度升高而减少，反之则增加。国家空气质量标准设定 PM2.5 一级浓度限值为 35 $\mu g/m^3$，本研究将 35 $\mu g/m^3$ 作为界限来判定其污染水平。当

PM2.5 浓度低于 35 μg/m³ 时，二者关系在 0.01 水平上呈显著负相关（P=0.000，R= –0.210）；其浓度高于 35 μg/m³ 时，两者关系依然是显著负相关（0.01 水平上，P=0.000，R= –0.233）（表 4–7）。说明两者的关系一直呈负相关，PM2.5 浓度变化一直影响 O₃ 浓度的变化。

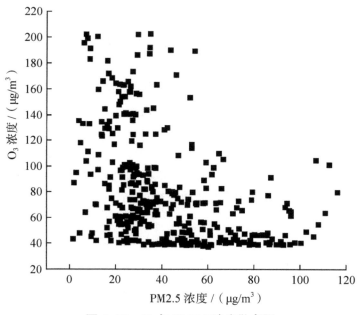

图 4–12　O₃ 与 PM2.5 浓度散点图

表 4–7　不同大气污染物浓度与 O₃ 浓度的相关性分析

大气污染物	O₃ 浓度	
	高浓度条件	低浓度条件
PM2.5	–0.233**	–0.210**
NOₓ	–0.559**	–0.981
NAI	0.203**	0.350**

注：** 在 0.01 水平（双侧）上显著相关。

　　二者关系比较复杂。当首要污染物为 PM2.5 且呈重度及严重污染时，可以减少 32%~52% 的紫外线辐射强度（丁国香 等，2014），减少到达近地面的辐射强度，同时减弱生成 O_3 的光化学作用，使得 O_3 浓度减少；当 PM2.5 浓度减弱时，紫外线辐射强度随之增强，O_3 浓度会呈现上升趋势。

4.4.2　O_3 与 NO_x 的相关性

由图 4–13 可知，O_3 浓度与 NO_x 浓度呈负相关，当 NO_x 浓度降低时，O_3 浓度会相对升高。O_3 本身属于二次污染物，其产生过程的前体物包括 NO_x，O_3 的生成自然会消耗一部分的 NO_x，NO_x 浓度与 O_3 浓度变化有直接联系。空气质量标准规定 NO_x 浓度一级限值标准为 40 μg/m³，故设定 40 μg/m³ 作为 NO_x 污染水平判定条件。当 NO_x 浓度低于 40 μg/m³ 时，O_3 浓度与 NO_x 浓度在 0.01 水平上负相关（$P=0.000$，$R=-0.981$）；当 NO_x 浓度高于 40 μg/m³ 时，O_3 浓度与 NO_x 浓度在 0.01 水平上显著负相关（$P=0.000$，$R=-0.559$）（表 4–7），相关性比 NO_x 浓度低于 40 μg/m³ 时好。说明 NO_x 浓度高于 40 μg/m³ 时对 O_3 的影响更明显，O_3 浓度范围在 37.09~202.79 μg/m³。

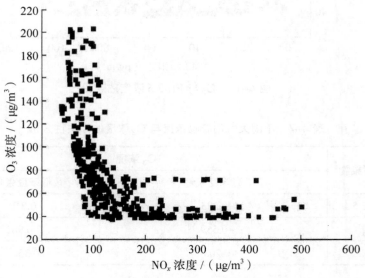

图 4–13　O_3 与 NO_x 浓度散点图

4.4.3 O₃ 与 NAI 的相关性

由图 4-14 可知，O₃ 浓度与 NAI 浓度呈正相关。世界卫生组织规定清新空气中 NAI 标准浓度应当大于 1500 个 /cm³，故设定 1500 个 /cm³ 作为 NAI 浓度水平判定条件。当 NAI 浓度低于 1500 个 /cm³ 时，O₃ 浓度与 NAI 浓度在 0.01 水平上显著正相关（$P=0.000$，$R=0.350$）；当 NAI 浓度高于 1500 个 /cm³ 时，O₃ 浓度与 NAI 浓度在 0.01 水平上显著正相关（$P=0.000$，$R=0.203$）（表 4-7），相关系数小于 NAI 浓度低于 1500 个 /cm³ 时，但正相关一直存在，说明 NAI 浓度对 O₃ 浓度的影响一直存在。

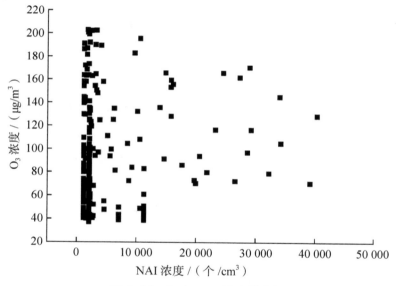

图 4-14 O₃ 与 NAI 浓度散点图

4.4.4 讨论

本研究旨在揭示城市森林 O₃ 浓度与其他大气污染物和 NAI 之间的关系，探究城市森林 O₃ 浓度动态变化特征的影响因素。

（1）O₃ 与 PM2.5 的相关性

2013 年，国务院发布《大气污染防治行动计划》，明确提出可吸入颗粒物浓度的控制目标，随即北京、上海等城市发布了各自的清洁空气行动计划。计划实施后，我国城市中 PM2.5 控制得当，效果显著，浓度下降了 30%~40%，然而，地表 O_3 浓度却在不断增加，这与本研究结论相同。本研究发现，城市森林中 O_3 与 PM2.5 之间存在显著负相关，O_3 浓度随着 PM2.5 浓度的增加而减少。

（2）O_3 与 NO_x 的相关性

有研究者（Lin et al，2012）通过全球化学气候模型（GFDLAM3）发现，亚洲地区所排放的空气污染跨越太平洋输送，对北美洲西南部 O_3 含量做出 20%~30% 的贡献。当太阳辐射足够强时，NO_x 会发生光化学反应从而产生 O_3，NO_x 浓度自然会有所下降（徐兰 等，2018）。近地面 NO_x 排放会影响近地面 O_3 生成过程，对流层 NO_x 也会通过跨区域传输引起 O_3 浓度的增加。本研究分析 O_3 与 NO_x 浓度的相关性发现，O_3 与 NO_x 呈显著负相关，与前人研究结果保持一致。

（3）O_3 与 NAI 的相关性

NAI 是空气维生素，对人们健康、生态环境非常有利。研究发现，NAI 浓度在 5—8 月较高，一般在 6 月达到峰值，9 月开始下降（李先来 等，2020），这与 O_3 浓度变化趋势一致。本研究发现，城市森林中 O_3 浓度与 NAI 浓度之间存在显著正相关，NAI 产生的同时会伴随一定含量的 O_3 生成，因此，O_3 浓度会随着 NAI 浓度的上升而升高。

4.4.5　小结

城市森林中 O_3 与 PM2.5、NO_x 这两种大气污染物呈显著负相关，相关系数分别为 –0.431、–0.564；与 NAI 呈正相关，相关系数为 0.154。NO_x 对 O_3 浓度的影响最为显著，回归方程为 $y=-0.259x+117.705$（$R^2=0.316$）（y 为 O_3 浓度，x 为 NO_x 浓度）。不同污染程度下 PM2.5、NO_x 与 NAI 对 O_3 浓度的影响一直存在。

4.5 不同植物配置模式下 O₃ 浓度变化特征

4.5.1 不同植物配置模式下 O₃ 浓度时间变化特征

4.5.1.1 不同植物配置模式下 O₃ 浓度月变化特征

由图 4-15 可知, 26 种不同植物配置模式下 O₃ 浓度变化趋势基本为 9 月 > 8 月 > 7 月 > 6 月 > 5 月 > 4 月 > 3 月 > 10 月, 且不同植物配置模式月变化趋势基本相同。3—10 月不同种植物配置模式下 O₃ 浓度变化规律基本一致, 大致可以概括为阔灌复层林 > 阔叶混交林 > 阔叶纯林 > 针阔灌复层林 > 针阔混交林 > 针叶混交林 > 针叶纯林。以针叶树种为主的针叶纯林的月变化趋势一致, 白皮松纯林 O₃ 浓度在 7 月最大 (178.03 μg/m³), 10 月最小 (76.89 μg/m³), 二者相差 101.14 μg/m³; 油松最大值也出现在 7 月 (183.63 μg/m³), 比最小值 (4 月, 119.94 μg/m³) 高 63.69 μg/m³; 侧柏在 8 月出现最大值 (188.93 μg/m³), 4 月出现最小值 (127.48 μg/m³), 比前者少 61.45 μg/m³。其余 22 种植物配置模式下 O₃ 浓度最大值均出现在 9 月, 最小值出现在 10 月。其中针叶混交林 (侧柏 + 白皮松) O₃ 浓度 10 月 (82.70 μg/m³) 比 9 月 (215.63 μg/m³) 低 132.93 μg/m³; 阔叶纯林 O₃ 浓度波动范围在 123.20~133.29 μg/m³; 阔叶混交林波动范围在 126.06~143.48 μg/m³; 针阔混交林在 117.70~142.16 μg/m³; 阔灌复层林波动范围在 127.53~139.86 μg/m³; 针阔灌复层林 9 月 (210.64 μg/m³) 是 10 月 (91.97 μg/m³) 的 2.3 倍。

26 种不同植物配置模式中, 针叶纯林波动范围最小 (63.69~101.14 μg/m³), 其次是阔叶纯林, 阔叶混交林波动范围最大。

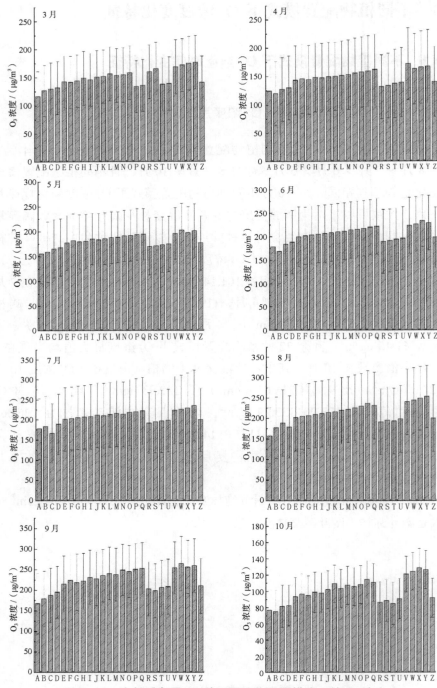

图 4-15 生长季各月 26 种不同植物配置模式下的 O₃浓度

4.5.1.2　不同植物配置模式下 O₃ 浓度日变化特征

由图 4-16 可以看出，3—10 月 26 种不同植物配置模式下 O₃ 浓度日变化规律（6：00—18：00）基本保持一致，均呈单峰型趋势；阔灌复层林 O₃浓度最大，针叶纯林 O₃ 浓度最小。① 3 月：O₃ 浓度峰值出现在 14：00，其中金银木+铺地柏 O₃ 浓度（216.14 μg/m³）最大，是最小 O₃ 浓度（白皮松纯林，139.10 μg/m³）的 1.6 倍。② 4 月：16：00 出现 O₃ 浓度峰值（国槐+大叶黄杨+铺地柏，239.68 μg/m³），比最低浓度（油松，176.91 μg/m³）高 62.77 μg/m³。③ 5 月：峰值出现在 14：00（柳树+金银木+金叶女贞，261.79 μg/m³），此时 O₃ 浓度最小为白皮松（208.29 μg/m³），二者相差53.50 μg/m³。④ 6 月：与 5 月规律相似，峰值出现在 14：00（悬铃木+大叶黄杨+银杏和金银木+铺地柏浓度均为 280.34 μg/m³），比最小值（油松，223.63 μg/m³）高 56.71 μg/m³。⑤ 7 月：O₃ 浓度峰值出现在 18：00（金银木+铺地柏，333.48 μg/m³），比同一时刻最低浓度（白皮松，250.74 μg/m³）高 82.74 μg/m³。⑥ 8 月和 10 月变化趋势相似，峰值均出现在 12：00，为悬铃木+大叶黄杨+银杏（浓度依次为 323.85、145.16 μg/m³），分别是同一时刻最低浓度（白皮松 178.33 μg/m³、油松 114.49 μg/m³）的 1.8 倍和 1.3 倍。⑦ 9 月：峰值在 16：00（金银木+铺地柏，319.57 μg/m³），是该时刻最低O₃ 浓度（白皮松，237.54 μg/m³）的 1.3 倍。不同植物配置模式下 O₃ 浓度峰值出现的时间有所差异，阔灌复层林浓度最高，针叶纯林浓度最低，二者相差在 30.67~145.52 μg/m³，其中 8 月相差最大，10 月相差最小。

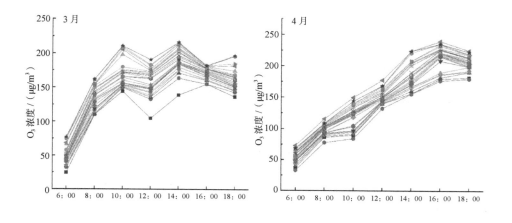

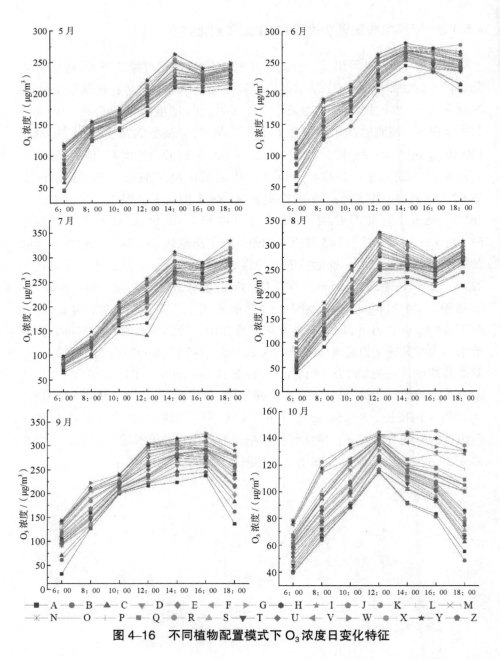

图 4-16 不同植物配置模式下 O₃浓度日变化特征

如表 4-8 所示，通过对 3—10 月 26 种植物配置模式下的 O₃浓度进行单因素方差分析，可以看出，不同月份的 O₃浓度差异显著（α=0.05，F=831.401，P=0.000 < 0.05）。

表4-8　3—10月26种植物配置模式下 O₃ 浓度单因素方差分析

项目	df	F	P
组间	7	834.40	0.000
组内	200		
总数	207		

4.5.2　不同植物配置模式下 O₃ 浓度聚类分析

如表4-9所示，对26种植物配置模式下的 O₃ 浓度进行单因素方差分析，可以发现26种植物配置模式下 O₃ 浓度的差异。从表中可以看出，不同植物配置模式之间 O₃ 浓度差异显著（α=0.05，F=207.45，P=0.000 < 0.05）。利用聚类分析法把不同植物配置模式下的 O₃ 浓度分为5类，分别为极低、低、中等、高、极高水平（图4-17）。

表4-9　26种不同植物配置模式下 O₃ 浓度单因素方差分析

项目	df	F	P
组间	4	207.45	0.000
组内	21		
总数	25		

由图4-17可知，金银木＋铺地柏（205.91 μg/m³）、悬铃木＋大叶黄杨＋银杏（204.25 μg/m³）、柳树＋金银木＋金叶女贞（202.66 μg/m³）、国槐＋大叶黄杨＋铺地柏（199.75 μg/m³）、黄栌＋油松＋太平花（191.24 μg/m³）5种植物配置模式下的 O₃ 浓度属于极高水平，为191.24~205.91 μg/m³；银杏＋油松＋国槐（190.87 μg/m³）、栾树＋悬铃木（190.58 μg/m³）、悬铃木＋国槐（188.73 μg/m³）、银杏＋柳树（186.28 μg/m³）、紫叶碧桃＋国槐（185.26 μg/m³）、国槐＋柳树（183.53 μg/m³）、柳树（180.83 μg/m³）7种植物配置模式下的 O₃ 浓度属于高水平，为180.83~190.87 μg/m³；栾树（171.91 μg/m³）、五角枫（174.58 μg/m³）、悬铃木（174.98 μg/m³）、国槐（177.50 μg/m³）、银杏（179.12 μg/m³）5种植物配置模式下的 O₃ 浓度属于中等水

平，为 17.91~179.12 μg/m³；侧柏＋白皮松（158.19 μg/m³）、油松＋悬铃木（165.35 μg/m³）、油松＋国槐（165.36 μg/m³）、油松＋柳树（167.21 μg/m³）、侧柏＋五角枫（168.06 μg/m³）、苹果＋油松＋铺地柏（169.72 μg/m³）6 种植物配置模式下的 O_3 浓度属于低水平，为 158.19~169.72 μg/m³；白皮松（144.33 μg/m³）、油松（148.78 μg/m³）、侧柏（153.95 μg/m³）3 种植物配置模式下的 O_3 浓度属于极低水平，为 144.33~153.95 μg/m³。

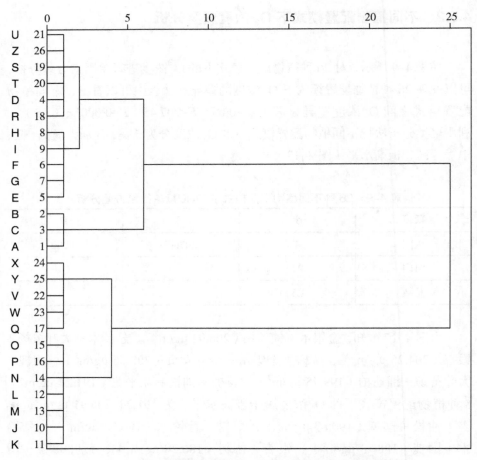

图 4-17　26 种植物配置模式下 O_3 浓度等级划分系统聚类

O_3 浓度最高的植物配置模式为金银木＋铺地柏，相比最低浓度（白皮松，144.33 μg/m³）高出 29.91%。结果表明，O_3 浓度从低到高植物配置模式依次为: 针叶纯林 < 针叶混交林 < 针阔混交林 < 针阔灌复层林 < 阔叶纯林 < 阔叶混交林 < 阔灌复层林。针叶纯林 O_3 浓度 [(149.02 ± 35.80) μg/m³] 最低,比阔灌复层林 [(203.14 ± 43.36) μg/m³] 低 26.64%。

4.5.3　不同植物配置模式下 O_3 浓度差异分析

由 4.5.2 对不同植物配置模式进行聚类分析, 可以发现不同植物配置模式下的 O_3 浓度不同, 进一步分析发现, 不同植物配置模式下的 O_3 浓度顺序为: 针叶纯林 (149.02 ± 35.80) μg/m³ < 针叶混交林 (158.19 ± 39.63) μg/m³ < 针阔混交林 (174.68 ± 43.00) μg/m³ < 针阔灌复层林 (169.72 ± 41.57) μg/m³ < 阔叶纯林 (176.49 ± 40.81) μg/m³ < 阔叶混交林 (186.88 ± 42.81) μg/m³ < 阔灌复层林 (203.14 ± 43.36) μg/m³, 浓度由低到高顺序如图 4–18 所示。

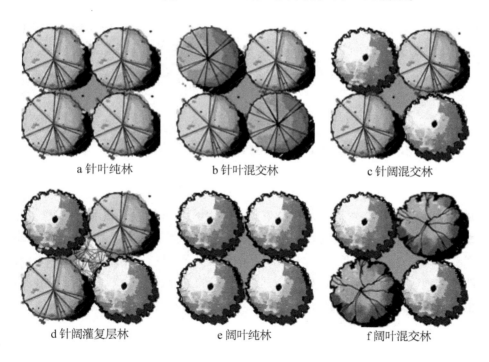

a 针叶纯林　　　　　b 针叶混交林　　　　　c 针阔混交林

d 针阔灌复层林　　　　　e 阔叶纯林　　　　　f 阔叶混交林

g 阔灌复层林

图 4–18　不同植物配置模式下 O$_3$ 浓度分析

　　城市森林建设要以植物的季相变化为前提，遵循北京市树种种植建议，兼顾以人为本的原则，营造与大自然景观相近的城市森林，给人们提供安居乐业的场所。此外，要以乡土树种为主，同时采用北京市平原造林优势树种。本研究筛选出 O$_3$ 浓度较低的树种主要为针叶树种，如白皮松、油松、侧柏，O$_3$ 浓度较高的植物配置模式为阔灌复层林和阔叶混交林。植物配置模式设计应遵循因地制宜、统一与变化、群落稳定性、多样性等原则。

4.5.4　讨论

　　（1）不同植物配置模式下 O$_3$ 浓度月变化

　　研究表明，O$_3$ 浓度月变化趋势同太阳辐射强度的月变化趋势基本一致（Lal et al.，2000）。陈培章等研究表明（2019），O$_3$ 浓度月变化特征为单峰型，峰值出现在 7 月。本研究发现，3—10 月 O$_3$ 浓度月变化特征趋势基本一致，其中 7 月、8 月和 9 月 O$_3$ 浓度在较高水平，9 月达到峰值。峰值出现在不同时期可能是因为大兴南海子公园位于开发区，属于工业、污染较为严重的地区，人为干扰比较严重；且监测点的选择、温度、风速等气象因素也会对 O$_3$ 浓度有所影响。

　　（2）不同植物配置模式下 O$_3$ 浓度日变化

　　O$_3$ 浓度日变化过程总体可以分为 4 个循环阶段（Fujita，2003）：第一阶段为 O$_3$ 及其前体物堆积阶段，早晨 5：00—6：00 人类活动很少，O$_3$ 前体物浓度都保持在较低水平，而且夜间光化学反应过程很弱，由于地面沉积作用，此时为全日 O$_3$ 浓度最低值；第二阶段为早晨 NO$_x$ 排放造成 O$_3$ 抑制阶段，

6：00—8：00 是人们上班时间，该时间段人流、车流都比较大，会产生大量污染物，且此时光照不强，基本为 O_3 与 NO 反应阶段，所以 O_3 浓度会略有下降；第三阶段为 O_3 发生光化学反应的生成阶段，即 O_3 浓度逐渐升高的阶段，8：00—14：00 气温逐渐升高、太阳辐射增强、人类活动增加导致 NO_2 增加，有利于光化学反应速度加快，生成 O_3，故此时 O_3 浓度不断升高；最后一个阶段是 O_3 消耗阶段，15：00 之后温度降低，太阳辐射强度减弱，同时要与 NO 反应，因此 O_3 浓度会迅速降低。

本研究中实验时间为 6：00—18：00，18：00 至次日 6：00 的 O_3 浓度变化规律不做探讨。3—10 月不同植物配置模式下 O_3 浓度日变化特征整体呈现基本一致的单峰型变化趋势，与前人研究结果相同（程念亮 等，2016；孟倩 等，2018）。其中，早上 6：00—7：00 O_3 浓度处于最低值，随后随着温度升高，太阳辐射量增强，O_3 浓度逐渐升高，峰值基本出现在 14：00 和 16：00 左右，原因可能是日照强度在一定程度上代表太阳辐射强度，太阳辐射强度在一定程度上决定着 O_3 发生光化学反应过程的速度，而此时的太阳辐射强度是一天中最高的时段。15：00—18：00 O_3 浓度呈下降趋势，由于时间推移，太阳辐射强度减弱，温度随之下降，故 O_3 浓度呈现下降趋势。此结论与佘日新（2019）研究气象因素对 O_3 浓度日变化影响规律的结论基本一致。

（3）不同植物配置模式下 O_3 浓度比较

绿化树种可以影响气体污染物含量，且影响程度会因树种种类及其配置模式的不同而有所差异（Morikawa et al.，2002）。本研究针对北京市大兴南海子公园内 26 种不同植物配置模式下的 O_3 浓度进行比较分析，结果表明：针叶纯林 < 针叶混交 < 针阔混交林 < 针阔灌复层林 < 阔叶纯林 < 阔叶混交林 < 阔灌复层林。因为这 26 种植配置模式均设置在大兴南海子公园内，其 O_3 浓度环境背景值相同，故可以根据不同植物配置模式下的 O_3 浓度来推断不同 O_3 浓度梯度配置模式，证明城市森林的生物多样性与 O_3 等气态污染物的浓度有关（Manes et al.，2016）。本研究发现，阔叶纯林 O_3 浓度高于针阔混交林，针叶纯林 O_3 浓度低于阔叶纯林，造成这种现象的原因可能是随着温度不断升高，阔叶树种加快释放 $BVOC_s$ 的速率（段文军，2017），O_3 进行光化学反应的前体物浓度增加，从而导致 O_3 浓度升高，所以阔叶纯林中的 O_3 浓度高于针叶纯林。

4.5.5 小结

3—10 月大兴南海子公园中不同植物配置模式下 O_3 浓度日变化与月变化均呈基本一致的单峰型趋势。分析各月日变化发现，8 月 O_3 浓度日较差最大，10 月最小。月变化特征为 9 月最高，其后为 8 月、7 月，10 月 O_3 浓度最小。不同植物配置模式下 O_3 浓度月变化浮动范围表现为针叶纯林最小，阔叶混交林最大。

大兴南海子公园中不同植物配置模式下的 O_3 浓度顺序为：针叶纯林 < 针叶混交 < 针阔混交林 < 针阔灌复层林 < 阔叶纯林 < 阔叶混交林 < 阔灌复层林。其中，金银木 + 铺地柏 O_3 浓度最大，白皮松最小。在城市绿地建设中，如需要营造 O_3 浓度小的环境，建议多采用针叶纯林、针叶混交林配置模式，进行合理栽植。

参考文献

［1］吕铃钥，李洪远，杨佳楠.植物吸附大气颗粒物的时空变化规律及其影响因素的研究进展［J］.生态学杂志，2016，35（2）：524–533.

［2］李志强.浅谈森林对大气污染的净化作用［J］.农业开发与装备，2014（7）：92.

［3］牟浩.城市道路绿带宽度对空气污染物削减效应研究［D］.武汉：华中农业大学，2013.

［4］Amann M，Klimont Z，Wagner F. Regional and global emissions of air pollutants：Recent trends and future scenarios［J］. Annual Review of Environment and Resources，2013，38：31–55.

［5］赵晨曦，王玉杰，王云琦，等.细颗粒物（PM2.5）与植被关系的研究综述［J］.生态学杂志，2013，32（8）：2203–2210.

［6］范欣.关于发展城市森林与建设美丽中国的思考［J］.林业经济，2013（7）：69–72.

［7］He T，Yang Z，Liu T，et al. Ambient air pollution and years of life lost in Ningbo，China［J］. Scientific Report，2016，6（1）：1-10.

［8］张红艳，魏养燕，郑秀丽.浅谈大气污染的危害、来源及措施［J］.资源与环境科学，2013（1）：191.

［9］罗雄标.臭氧污染物来源与控制［J］.资源节约与环保，2015（8）：137.

［10］王妮.重庆主城区大气污染物时空变化及影响因素分析［D］.重庆：重庆师范大学，2017.

［11］Khamdan S A A，Madany I M A，Buhussain E. Temporal and spatial variations of the quality of ambient air in the Kingdom of Bahrain during 2007［J］. Environmental Monitoring & Assessment，2009，154（1–4）：241–252.

［12］Rimetz–Planchon J，Perdrix E，Sobanska S，et al. PM10 air quality variations in an urbanized and industrialized harbor［J］. Atmospheric Environment，2008，42（31）：7274–7283.

［13］Bytnerowicz A，Godzikb B，Fraczek W，et al. Distribution of ozone and other air pollutants in forests of the Mountains in central Europe［J］. Environmental Pollution，2002，116（1）：3–25.

［14］Kanada M，Dong L，Fujita T，et al. Regional disparity and cost effective SO_2 pollution control in China：A case study in 5 megacities［J］. Energy Policy，2013，61：1322–1331.

［15］Quan J Na，Tie X X，Zhang Q，et al. Characteristics of heavy aerosol pollution during the 2012–2013 winter in Beijing，China［J］. Atmospheric Environment，2014，88：83–89.

［16］卢亚灵，蒋洪强，张静. 中国地级以上城市 SO_2 年均浓度时空特征分析［J］. 生态环境学报，2012，21（12）：1971–1974.

［17］王希波，马安青，安兴琴. 兰州市主要大气污染物浓度季节变化时空特征分析［J］. 中国环境监测，2007，23（4）：61–64.

［18］刘洁，张小玲，徐晓峰，等. 北京地区 SO_2、NO_x、O_3 和 PM2.5 变化特征的城郊对比分析［J］. 环境科学，2008，29（4）：1059–1665.

［19］程念亮，张大伟，李云婷，等. 2000—2014 年北京市 SO_2 时空分布及一次污染过程分析［J］. 环境科学，2015，36（11）：3961–3971.

［20］翟崇治，陈丽，钟杰，等. 被动采样监测重庆主城和的空间分布特征［J］. 环境科学与技术，2015，38（8）：136–139.

［21］Jing N，Xia B，Jing T. GIS–based analysis of main air pollutants of Changchun City in summer［J］. Chemical Research in Chinese Universities，2006，22（4）：447–450.

［22］Lehman J，Swinton K，Bortnick S，et al. Spatio–temporal characterization oftropospheric ozone across the eastern United States［J］. Atmospheric Environment，2004，38（26）：4357–4369.

［23］安俊琳，王跃思，李昕，等. 北京大气 O_3 与 NO_x 的变化特征［J］. 生态环境，2008，17（4）：1420–1424.

［24］胡正华，孙银银，李琪，等. 南京北郊春季地面臭氧与氮氧化物浓度特征［J］. 环境工程学报，2012，6（6）：1995–2000.

［25］沈毅，王体健，韩永，等. 南京近郊主要大气污染物的观测分析研究［J］. 南京大学学报（自然科学版），2009，45（6）：746–756.

［26］Nishanth T，Kumar M K S，Valsaraj K T. Variations in surface ozone and NO_x at Kannur：A tropical，coastal site in India［J］. Journal of Atmospheric Chemistry，2012，69（2）：101–126.

［27］王晓磊，王成. 城市森林调控空气颗粒物功能研究进展［J］. 生态学报，2014，34（8）：1910–1921.

［28］王晓磊，王成，古琳，等. 春季典型天气下城市街头绿地内大气颗粒物浓度变化特征［J］. 生态学杂志，2014，33（11）：2889–2896.

［29］Chen B，Wang X P，Chen J Q，et al. Forestry strategies against PM2.5 pollution in Beijing［J］. The Forestry Chronicle，2015，91（3）：233–237.

［30］李新艳，李恒鹏. 中国大气 NH_3 和 NO_x 排放的时空分布特征［J］. 中国环境科学，2012，32（1）：37–42.

［31］Nowak D J，Crane D E. The Urban Forest Effects（UFORE）model：Quantifying urban forest structure and functions［J］. Department of Agriculture Forest Service North Central Research Station，1998：714–720.

［32］胡志斌，何兴元，陈玮，等. 沈阳市城市森林结构与效益分析［J］. 应用生态学报，2003（12）：2108–2112.

［33］黄琼中. 拉萨市环境空气中 NO_2 变化特征分析［J］. 环境科学研究，2006（2）：53–56，70.

［34］Rao M，George L A，Rosenstiel T N，et al. Assessing the relationship among urban trees，nitrogen dioxide，and respiratory health［J］. Environmental Pollution，2014，194（6）：96.

［35］徐祥德，丁国安，卞林根. 北京城市大气环境污染机理与调控原理［J］. 应用气象学报，2006（6）：815–828.

［36］Villena G，Kleffmann J，Kurtenbach R，et al. Vertical gradients of HONO，NO_x and O_3 in Santiago de Chile［J］. Atmospheric Environment，2011，45（23）：3867–3873.

［37］Chen C L，Tsuang B J，Tu C Y，et al. Wintertime vertical profiles of air pollutants over a suburban area in central Taiwan［J］. Atmospheric Environment，2002，36（12）：2049–2059.

［38］刘烽，陈辉，Liu Y G. 北京市夏季低层大气 NO_x、O_3 垂直分布观测研究［J］. 青岛海洋大学学报（自然科学版），2002（2）：179–185.

［39］刘小红，洪钟祥，李家伦，等. 北京气象塔秋季大气 O_3、NO_x 及 CO 浓度变化的观测实验［J］. 自然科学进展，2000（4）：52–56.

［40］刘毅，刘小红，李家伦，等. 冷锋天气大气边界层内臭氧及氮氧化物的观测研究［J］. 大气科学，2000（2）：165–172.

［41］Meng Z Y，Ding G A，Xu X B，et al. Vertical distributions of SO_2 and NO_2 in the lower atmosphere in Beijing urban areas，China［J］. Science of the Total

Environment，2008，390（2）：456-465.

［42］高文康，唐贵谦，姚青，等.天津重污染期间大气污染物浓度垂直分布特征［J］.环境科学研究，2012，25（7）：731-738.

［43］张利慧.太原市2017年臭氧污染特征及其气象因素分析［J］.环境工程，2019，37（增刊）：164-168.

［44］尚媛媛，宋丹，裴兴云，等.高原城市臭氧浓度的多尺度变化特征及与气象条件的关系：以贵阳市为例［J］.中国农学通报，2019，35（34）：95-101.

［45］王萍，刘涛，杨国林，等.中国主要城市臭氧浓度的时空变化特征［J］.遥感信息，2019，34（4）：121-127.

［46］周俊佳.福州主城区大气环境污染时空特征分析及质量评价［D］.福州：福州大学，2017.

［47］赵辉，郑有飞，徐静馨，等.中国典型城市大气污染物浓度时空变化特征分析［J］.地球与环境，2016，44（5）：549-556.

［48］林莉文，卞建春，李丹，等.北京城区大气混合层内臭氧垂直结构特征的初步分析：基于臭氧探空［J］.地球物理学报，2018，61（7）：2667-2678.

［49］秦龙，高玉平，王文秀，等.差分吸收激光雷达用于探测天津市夏秋季臭氧垂直分布特征［J］.光学精密工程，2019，27（8）：1697-1703.

［50］田伟，唐贵谦，王莉莉，等.北京秋季一次典型大气污染过程多站点分析［J］.气候与环境研究，2013，18（5）：595-606.

［51］Tai A P K，Mickley L J，Jacob D J. Correlations between fine particulate matter（PM2.5）and meteorological variables in the United States：Implications for the sensitivity of PM2.5 to climate change［J］. Atmospheric Environment，2010，44：3976-3984.

［52］Murph C E，et al. An assessment of the use of forests as sinks for the removal of atmospheric sulfur dioxide［J］. Journal of Environmental Quality，1977，6（4）：388-396.

［53］程兵芬，韩丽，程念亮，等.2014年1月太原市一次空气重污染过程分析［J］.环境科学学报，2015，35（12）：4071-4080.

［54］孙扬，王跃思，刘广仁，等.北京地区一次大气环境持续严重污染过程中SO_2的垂直分布分析［J］.环境科学，2006，27（3）：408-414.

［55］Baldocchi D D，Hicks B B，Camara P. A canopy stomatal resistance model for gaseous deposition to vegetated surfaces［J］. Atmospheric Environment，1987，21（1）：91-101.

［56］Ozaki N, Nitta K, Fukushima T. Dispersion and dry and wet deposition of PAHs in an atmospheric environment ［J］. Water Science & Technology, 2006, 53（2）: 215–224.

［57］陈波, 鲁绍伟, 李少宁. 北京城市森林不同天气状况下 PM2.5 浓度动态分析 ［J］. 生态学报, 2016, 36（5）: 1391–1399.

［58］Chow J C, Bachmann J D, WiermanI S S G, et al. Visibility: Science and regulation ［J］. Journal of the Air & Waste Management Association, 2002, 52（6）: 628–713.

［59］杨孝文, 周颖, 程水源, 等. 北京冬季一次重污染过程的污染特征及成因分析 ［J］. 中国环境科学, 2016, 36（3）: 679–686.

［60］徐衡, 罗俊玲, 张掌权. 集中供暖区大气 PM2.5 季节动态变化及其影响因素: 以陕西省宝鸡市为例 ［J］. 宝鸡文理学院学报（自然科学版）, 2013, 33（4）: 40–43, 57.

［61］王玲. 12 种常用乔木对大气污染物的吸收净化效益及抗性生理研究 ［D］. 重庆: 西南大学, 2015.

［62］宋彬, 王得祥, 张义, 等. 13 种园林树种叶片解剖结构与其二氧化硫吸收能力的关系 ［J］. 西北植物学报, 2015, 35（6）: 1206–1214.

［63］Manes F, Marando F, Capotorti G, et al. Regulating Ecosystem Services of forests in ten Italian Metropolitan Cities: Air quality improvement by PM10 and O_3 removal ［J］. Ecological Indicators, 2016, 67: 425–440.

［64］Gessler A, Rienks M, Rennenberg H. NH_3 and NO_2 fluxes between beech trees and theatmosphere–correlation with climatic and physiological parameters ［J］. New Phytologist, 2000, 147（3）: 539–560.

［65］Heidorn K C, Yap D. A synoptic climatology for surface ozone concentrations in Southern Ontario, 1976–1981 ［J］. Atmospheric Environment, 1986, 20（4）: 695–703.

［66］Fantozzi F, Monaci F, Blanusa T, et al. Spatio–temporal variations of ozone and nitrogendioxide concentrations under urban trees and in anearby open area ［J］. Urban Climate, 2015, 12: 119–127.

［67］Puxbaum H, Simeonov V, Kalina M, et al. Long–term assessment of the wet precipitation chemistry in Austria（1984–1999）［J］. Chemosphere, 2002, 48（7）: 733–747.

［68］陈小敏, 邹倩, 周国兵. 重庆主城区冬春季降水强度对大气污染物影响 ［J］. 西南师范大学学报（自然科学版）, 2013, 38（7）: 113–121.

［69］杨帆.降雨对大气颗粒物和气态污染物的清除效率及机制［D］.南昌：南昌大学，2015.

［70］周岳.西安市东郊春季氮氧化物和二氧化硫浓度时空变化研究［D］.西安：陕西师范大学，2015.

［71］赵丽霞.福建省臭氧浓度时空分布特征及影响因素分析研究［J］.海峡科学，2018（6）：10–14.

［72］贾维平，张康，巨天珍，等.武威市臭氧污染特征及其影响因素［J］.甘肃科技，2019，35（1）：8–11，17.

［73］赵辉，郑有飞，徐静馨，等.乌鲁木齐市大气污染物浓度的变化特征［J］.环境化学，2015，34（11）：2118–2126.

［74］李全喜，王金艳，刘筱冉.兰州市区臭氧时空分布特征及气象和环境因子对臭氧的影响［J］.环境保护科学，2018，44（2）：78–84，97.

［75］Armstion J D, Scarth P F, Phinn S R, et al. Analysis of multidate MISR measurements for forest and woodland communities, Queensland, Australia［J］. Remote Sensing of Environment, 2007, 107: 287–298.

［76］2013 年北京市环境状况公报［R］.北京市环境保护局，2013.

［77］2014 年北京市环境状况公报［R］.北京市环境保护局，2014.

［78］2015 年北京市环境状况公报［R］.北京市环境保护局，2015.

［79］2016 年北京市环境状况公报［R］.北京市环境保护局，2016.

［80］李景鑫，陈思宇，王式功，等.2013—2014 年我国大气污染物的时空分布特征及 SO$_2$ 质量浓度年代际变化［J］.中国科技论文，2017，12（3）：336–345.

［81］Wang Y, Zhuang G S, Tang A H, et al. The iron chemistry and the source of PM2.5 aerosol in Beijing［J］. Atmos Environ, 2005, 355（1/2/3）: 264–275.

［82］Diner D J, Beckert J C, Reilly T H, et al. Multi–angel imaging spectro radiometer（MISR）instrument description and experiment overview［J］. IEEE Transaction on Geoscience and Remote Sensing, 1998, 36（4）: 1072–1087.

［83］刘辉，贺克斌，马永亮，等.2008 年奥运前后北京城郊 PM2.5 及其水溶性离子变化特征［J］.环境科学学报，2011，31（1）：177–185.

［84］Chen B, Lu S W, Li S N. Impact of fine particulate fluctuation and other variables on Beijing's air quality index［J］. Environmental Science & Pollution Research International, 2015, 22（7）: 5139–5151.

［85］Nowak D J, Hirabayashi S, Bodine A, et al. Modeled PM2.5 removal by trees in ten U.S. cities and associated health effects［J］. Environmental Pollution, 2013, 178: 395–402.

［86］Liang S，Tong Q X，Chi M J. Effect of the urban vegetation on aero–anion［J］. Subtropical Plant Science，2010，39（4）：46–50.

［87］潘文，张卫强，张方秋，等.广州市园林绿化植物苗木对二氧化硫和二氧化氮吸收能力分析［J］.生态环境学报，2012，21（4）：606–612.

［88］孙淑萍.3 种垂直绿化植物对污染物的富集及生理响应［D］.南京：南京林业大学，2011.

［89］刘立民，刘明.绿量：城市绿化评估的新概念［J］.中国园林，2000（5）：32–34.

［90］Dai W，Cao J Q，Cao C，et al. Chemical composition and sources of PM10 and PM2.5 in the suburb of Shenzhen，China［J］. Atmospheric Research，2013，122：391–400.

［91］蒋燕，陈波，鲁绍伟，等.北京城市森林 PM2.5 质量浓度特征及影响因素分析［J］.生态环境学报，2016，25（3）：447–457.

［92］蒋燕，熊好琴，鲁绍伟，等.2015 年北京采暖季城市森林内外 SO_2 浓度的时空变化特征［J］.环境科学研究，2017，30（11）：1689–1696.

［93］Huang K，Zhuang G，Lin Y，et al. Typical types and formation mechanisms of haze in an Eastern Asia megacity，Shanghai［J］. Atmospheric Chemistry and Physics，2012，12（1）：105–124.

［94］鲁绍伟，蒋燕，陈波，等.北京城市植被区 PM2.5 浓度时空变化及影响因素分析［J］.环境科学与技术，2017，1（40）：180–187.

［95］刘检琴.长沙市主城区与城郊大气污染物时空分布特征研究［D］.长沙：湖南师范大学，2016.

［96］李震宇，董亮，朱荫湄.杭州市区空气中 SO_2 时空分布与变化［J］.应用生态学报，2003，14（12）：2285–2288.

［97］张德强，褚国伟，余清发，等.园林绿化植物对大气二氧化硫和氟化物污染的净化能力及修复功能［J］.热带亚热带植物学报，2003，11（4）：336–340.

［98］Costanza R D，Arge R，Rudolf D G. The value of the world's ecosystem services and natural capital［J］. Nature，1997，387：253–260.

［99］刘世荣，代力民，温远光，等.面向生态系统服务的森林生态系统经营：现状、挑战与展望［J］.生态学报，2015，35（1）：1–9.

［100］刘俊秀，杨鹏.北京市 2014 年大气污染物空间分布特征分析［J］.北京联合大学学报，2016，30（3）：32–37.

［101］Chen B，Li S N，Yang X B，et al. Characteristics of atmospheric PM2.5 in stands and non–forest cover sites across urban–rural areas in Beijing，China［J］.

Urban Ecosystems，2016，22（1）：867–883.

[102] 赵晨曦，王云琦，王玉杰，等.北京地区冬春 PM2.5 和 PM10 污染水平时空分布及其与气象条件的关系［J］.环境科学，2014，35（2）：418–427.

[103] Poce A，Dockery D W. Air pollution and life expectancy in China and beyond ［J］. Proceedings of the National Academy of Sciences，2013，110（32）：12861–12862.

[104] Streets D G，Fu J S，Jang C J，et al. Air quality during the 2008 Beijing Olympic Games［J］. Atmospheric Environment，2007，41：480–492.

[105] Thurston GD，Ito K，Lall R. A source apportionment of U.S. fine particulate matter air pollution［J］. Atmospheric Environment，2011，45：3924–3936.

[106] 张敏，朱彬，王东东，等.南京北郊冬季大气 SO$_2$、NO$_2$ 和 O$_3$ 的变化特征［J］.大气科学学报，2009，32（5）：695–702.

[107] Khan M F，Shirasuna Y，Hirano K，et al. Charaterization of PM2.5，PM2.5–PM10 and PM > 10 in ambiet air，Yokohama，Japan［J］. Atmospheric Research，2010，96（1）：159–172.

[108] Esmaiel M，Tess D，Randal S，et al. Meteorological and environmental aspects of one of the worst national air pollution episodes（January，2004）in Logan，Cache Valley，Utah，USA［J］. Atmospheric Research，2006，79（2）：108–122.

[109] Beckett K P，Freer Smith P H，Taylor G. Particulate pollution capture by urban trees: Effect of species and windspeed［J］. Global Change Biology，2000，6（8）：995–1003.

[110] Zhang W C，Zhang Y，Lv Y，et al. Observation of atmospheric boundary layer height by groundbased LiDAR during haze days［J］. Journal of Remote Sensing，2014，17（4）：981–992.

[111] Nowak D J，Dwyer J F. Understanding the benefits and costs of urban forest ecosystems［J］. Springer US：2000，11–22.

[112] Pateraki S，Asimakopoulos DN，Flocas HA，et al. The role of meteorology on different sized aerosol fractions（PM10，PM2.5，PM2.5–PM10）［J］. Science of the Total Environment，2012，419（1）：124–135.

[113] Giorgi F，Meleux F. Modelling the regional effects of climate change on air quality［J］. Comptes Rendus Geoscience，2007，339：721–733.

[114] 唐贵谦，李昕，王效科，等.天气型对北京地区近地面臭氧的影响［J］.环境科学，2010，31（3）：573–578.

［115］曲晓黎，付桂琴，贾俊妹. 2005—2009 年石家庄市空气质量分布特征及其与气象条件的关系［J］. 气象与环境学报，2011，27（3）：29-33.

［116］Dwyer J F，Mcpherson E G，Schroeder H W，et al. Assessing the benefits and costs of the urban forest［J］. Arbor，1992，18（5）：227-234.

［117］肖玉. 北京市森林资源资产价值评价［D］. 北京：中国科学院地理科学与资源研究所，2007.

［118］陈伟光，黄芳芳，温小莹，等. 大气 SO_2 和 NO_2 污染及植物的抗性和净化能力研究进展［J］. 林业与环境科学，2017，33（4）：123-129.

［119］李晓阁. 城市森林净化大气功能分析及评价［D］. 长沙：中南林学院，2005.

［120］王荣新，辛学兵，裴顺祥，等. 北京市 9 种常见绿化树种吸收积累 SO_2 能力研究［J］. 林业科学研究，2017，30（3）：392-398.

［121］蒋高明. 植物硫含量法监测大气污染数量模型［J］. 中国环境科学，1995，15（3）：208-214.

［122］杨雪梅. 重金属和 SO_2 在植物体内的富集特征及大气污染评价［D］. 河南：河南理工大学，2004.

［123］薛皎亮，谢映平，李景平，等. 太原市空气中硫污染在植物体内积累的研究［J］. 城市环境与城市生态，2001，14（1）：47-49.

［124］胡耀兴，康文星，郭清和，等. 广州市城市森林对大气污染物吸收净化功能价值［J］. 林业科技，2009，45（5）：42-48.

［125］刘璐，管东生，陈永勤. 广州市常见行道树种叶片表面形态与滞尘能力［J］. 生态学报，2013，33（8）：2604-2614.

［126］Tallis M，Taylor G，Sinnett D，et al. Estimating the removal of atmospheric particulate pollution by the urban treecanopy of London under current and future environments［J］. Landscape and Urban Planting，2011，103（2）：129-138.

［127］张维平，沈英雄，刑冠华. 对华北农作物和树种去除 SO_2 能力的研究［J］. 中国环境科学，1988，8（4）：11-16.

［128］罗红艳，李吉跃，刘增. 绿化树种对大气 SO_2 的净化作用［J］. 北京林业大学学报，2000，22（1）：45-50.

［129］Silberstein L，Siegel EZ，Siegel SM，et al. Comparatire studies on Xanthorla parietinn，a pollution-resistant lichen and Rarralina duriaei，asensitive pecies II. Evalnation of possible air pollution-protection mechanisms［J］. Lichenologist，1996，28（4）：367-383.

［130］聂蕾，邓志华，陈奇伯，等. 昆明城市森林对大气 SO_2 和 NO_x 净化效果［J］. 西部林业科学，2015，44（4）：116-120.

［131］罗曼.不同群落结构绿地对大气污染物的削减作用研究［D］.武汉：华中农业大学，2013.

［132］Desanto R S，et al. Open space as an air resource management measure，iii：demonstration plan：EPA–450/3–76–028b［S］. St. Louis，MO：US Environmental Protection Agency，2010.

［133］环境空气质量标准：GB3095—2012［S］.北京市环境保护局，2012.

［134］彭镇华.中国城市森林［M］.北京：中国林业出版社，2014.

［135］王丽琼.基于 LMDI–ESDA 中国氮氧化物排放脱钩时空演变分析［J］.环境科学与技术，2017，40（12）：307–312.

［136］2017 年北京市环境状况公报［R］.北京市环境保护局，2017.

［137］Du Y L，N'soukpoe–Kossi C N，Belanger R，et al. Role of simulated acid rain on Acer negundo and plant nitrition［J］. Acta Botanica Sinica，1999，41（1）：80–87.

［138］Estrada–Luna A A，Davies F T. Arbuscular mycorrhizal fungi influence water relations，gas exchange，abscisic acid and growth of micropropagated chileancho pepper（Capsicum annuum）plantlets during acclimatization and postacclimatization［J］. Journal of Plant Physiology，2003，160（9）：1073–1083.

［139］Lewis S L，Malhi Y，Phillips O L. Fingerprinting the impacts of global change on tropical forests［J］. Philo-sophical Transactions of the Royal Society of LondonSeries B–Biological Sciences，2004，359（11）：437–462.

［140］李艳芹，李艳梅，陈奇伯，等.昆明市典型绿化树种的滞尘及吸收 SO_2、NO_x 效应［J］.湖北农业科学，2016，55（18）：4740–4745.

［141］陶雪琴，卢桂宁，周康群，等.大气化学污染的植物净化研究进展［J］.生态环境，2007，16（5）：1549–1550.

［142］刘旭辉，余新晓，张振明，等.林带内 PM10、PM2.5 污染特征及其与气象条件的关系［J］.生态学杂志，2014，33（7）：1715–1721.

［143］张前进，阎宏伟.论景观设计中园林植物配置的基本原则［J］.沈阳农业大学学报（社会科学版），2005，（2）：217–218.

［144］林晶晶.园林设计中植物配置与植物造景研究［J］.江西农业，2019（2）：64–65.

［145］谢健全.生态园林设计中的植物配置探析［J］.南方农业，2018，12（36）：54–55.

［146］冯胜华.城市规划中市政园林的设计思考［J］.现代国企研究，2018（12）：

185–186.

［147］朱丹粤. 城市园林绿地植物配置原则［J］. 华东森林经理, 2002（2）: 54–56.

［148］徐永荣. 城市园林植物配置中的生态学原则［J］. 广东园林, 1997（4）: 8–11.

［149］李艳梅, 陈奇伯, 李艳芹, 等. 昆明 10 个绿化树种对不同污染区的滞尘及吸净效应［J］. 西南林业大学学报, 2016, 36（3）: 105–110.

［150］Koak M, Mihalopoulos N, Kubilay N. Contributions of natural sources to high PM10 and PM2.5 events in the eastern Mediterranean［J］. Atmospheric Environment, 2007, 41（18）: 3806–3818.

［151］Morikawa H, Higaki A, Nohno M, et al. More than a 600–fold variation in nitrogen dioxide assimilation among 217 plant taxa［J］. Plant, Cell & Environment, 1998, 21（2）: 180–190.

［152］刘艳菊, 丁辉. 植物对大气污染的反应与城市绿化［J］. 植物学通报, 2001, 18（5）: 577–586.

［153］陈博, 王小平, 刘晶岚, 等. 不同天气下景观生态林内和林外大气颗粒物浓度变化特征［J］. 生态环境学报, 2015, 24（7）: 1171–1181.

［154］国家环境保护局, 国家技术监督局. 中华人民共和国国家标准—环境空气质量标准: GB 3095—2012［S］. 北京: 中国环境科学出版社, 2012.

［155］徐家洛. 杭州湾北岸上海段石化集中区臭氧污染特征研究［D］. 上海: 华东理工大学, 2021.

［156］Fujita E M, Campbell D E, Zielinska B, et al. Diurnal and weekday variations in the source contributions of ozone precursors in California's south coast air basin［J］. Journal of the Air, Waste Management Association, 2003, 53（7）: 844–863.

［157］Lin M, Fiore A M, Horowitz L W. Transport of Asian ozone pollution into surface air over the western United States in spring［J］. Journal of Geophysical Research: Atmospheres, 2012, 117（21）: 1–20.

［158］谢观雷, 马永飞. 淮安地区近地面臭氧与 PM2.5 等相关性［J］. 区域治理, 2019（42）: 54–56.

［159］丁国香, 刘承晓. 合肥紫外线辐射强度与空气质量的关系研究［J］. 环境科学与技术, 2014, 37（120）: 378–381.

［160］王伟, 白娟, 杨丽蓉, 等. 银川市臭氧质量浓度时空分布特征及相关因子分析［J］. 宁夏工程技术, 2016, 15（4）: 304–307, 312.

［161］刘美玲, 罗克菊, 陈诚, 等. 北碚区臭氧浓度与气象因素相关性分析研究［J］.

资源节约与环保，2020（1）：34.

[162] 齐冰，牛彧文，杜荣光，等.杭州市近地面大气臭氧浓度变化特征分析［J］. 中国环境科学，2017，37（2）：443-451.

[163] 刘晶淼，丁裕国，黄永德，等.太阳紫外辐射强度与气象要素的相关分析［J］. 高原气象，2003，22（1）：45-50.

[164] Zhang X K，Cao J X，Zhang S Y. Distribution characteristics of air anions in beidaihe in different ecological environments［J］. Scientific Research Publishing，2018，6（5）：133-150.

[165] 徐兰，李少宁，鲁绍伟，等.森林吸滞大气气态污染物研究进展［J］.世界 林业研究，2018，31（6）：25-30.

[166] 李先来，李峰，高品强.嫩江公园丁香园区空气负离子浓度观测研究［J］. 现代农村科技，2020（2）：77.

[167] Lal S，Naja M，Subbaraya B H. Seasonal variations in surface ozone and its precursors over an urban site in India［J］. Atmospheric Environment，2000，34（17）：2713-2724.

[168] 陈培章，陈道劲.兰州主城臭氧污染特征及气象因子分析［J］.气象与环境 学报，2019，35（2）：46-54.

[169] 程念亮，李云婷，张大伟，等.2004—2015年北京市清洁点臭氧浓度变化特 征［J］.环境科学，2016，37（8）：2847-2854.

[170] 孟倩，王永强.宁波市夏季臭氧浓度变化特征分析［J］.应用化工，2018，47（12）：2605-2608.

[171] 佘日新.气象因素对泉州臭氧的影响［J］.中国环境监测，2019，35（3）：109-119.

[172] 段文军.深圳园山三种典型城市森林康养环境保健因子动态变化［D］.北京：中国林业科学研究院，2017.